子育てする魚たち

性役割の起源を探る

桑村哲生 著

海游舎

まえがき

子育ては誰がやるべきでしょうか。「夫婦が協力すべきに決まっているでしょう」という方もいれば、「母親の役目に決まっとる」と主張する方もおられるかもしれません。このような思想信条に基づく議論はしばしば平行線をたどって決着がつかないことが多いものですが、ちょっと見方を変えて、人間以外の動物で性役割がどうなっているのかを知ることが参考になるかもしれません。

生物の分類学によると、現代人ホモ・サピエンスは、動物界、脊椎動物門、哺乳綱、サル目、ヒト科に属する種であるとされています。脊椎動物の中では、哺乳類では母親だけが子育てを担当する種が多いのに対して、鳥類では両親が協力して子育てする種が多いことが知られています。

それに対して魚類では、母親だけが担当する種や両親が協力する種よりも、父親だけが子育てを担当する種が多いのです。この本では魚の子育てに焦点を当てて、性役割の起源を探ってみたいと思います。

魚ではなぜ父親だけが子育てするケースが多いのかという問題は、一九七〇年代の後半から、行動生態学あるいは社会生物学と呼ばれる分野で活発に議論されてきました。進化論を基盤としたこの分野の基礎理論によると、そもそも雄と雌は子育てをめぐって対立する関係にあると考えられています。

なぜ、協力ではなく、対立しなければならないのでしょうか。ここでは雄と雌の関係を中心に、魚類に見られるさまざまなタイプの社会を紹介しつつ、それが子育ての方法と性役割にどのようにかかわっているのかを検討してみます。

そして最後に、魚類の子育てと比べて、哺乳類の一種としてのヒトの特徴はどこにあるのかについても考えてみましょう。

目次

1 魚の子育て
——さまざまな保護方法

魚類の分類と受精様式　1
硬骨魚類における子の保護　4
体外運搬型保護　7
見張り型保護　10
環境条件と子の保護　13
浮性卵と沈性卵　16
保護担当者の性　18

2 なぜ子の保護をするのか

進化論と適応度　21
血縁度と子の保護　23
雌雄の対立　27

3 カワスズメの子育てと社会

カワスズメ科の繁栄　31
クーへの子育て　32

一夫一妻と両親見張り型保護　37
一夫多妻と雌による見張り型保護　39
ヘルパー＝子育てのお手伝い　42
一妻多夫とヘルパー　45
雌の口内保育と雄のなわばり　48
口内保育と一夫一妻　55
口内保育の起源　59
口の中は安全か―ナマズの托卵　62

4　スズメダイの子育てと社会

いつまで子育てすべきか　65
雄のなわばりと卵の見張り型保護　68
サンゴの大きさで決まる社会　73
一夫一妻のクマノミ類　75
性転換と配偶システム　78

5　ベラの子育てと社会

浮性卵を産むベラ　83
ペア産卵とグループ産卵　86
レック　90
ハレム　92
雄の卵保護　96
サテライト雄　99

6　配偶システムと性役割

社会関係と配偶システム　101
一夫一妻　104
一夫一妻における見張り型保護　106
一夫一妻における体外運搬型保護　107
一夫多妻（ハレム）　112
一夫多妻における見張り型保護　115

一妻多夫　118
なわばり訪問型複婚と見張り型保護　119
なわばり訪問型複婚と運搬型保護　121
乱婚　122
配偶システムと保護者の性　127

7 誰が子育てすべきか

子育てのゲーム　129
配偶システムと性役割　132
系統的制約　135
見張り型保護の進化　139
体外運搬型保護の進化　143
体内運搬型保護の進化　144
誰が子育てすべきか　147

あとがき　151
付表　硬骨魚類における子の保護方法と保護者の性　159
主な参考文献　162
索　引　166

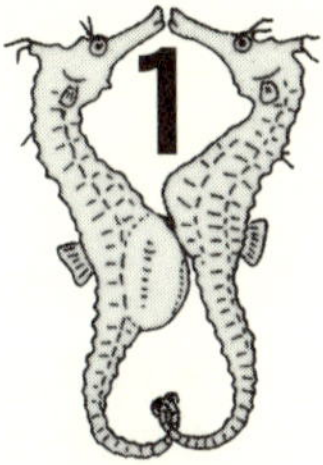

1 魚の子育て ― さまざまな保護方法

魚類の分類と受精様式

地球上には二万八千種以上の魚類が生息している。ひとくちに魚類といっても、系統分類学では、大きく異なる三つのグループに分けられている。すなわち、無顎類・軟骨魚類・硬骨魚類である。それぞれ分類単位としては、同じく脊椎動物門に属する哺乳綱や鳥綱と対等の「綱」、あるいはそれ以上の分類群として扱われている。

無顎類はその名のとおり、顎《あご》のない魚たちで、上顎と下顎が区別できず、口は開いたままである。これらは、はるか五億年も昔、最初の魚類として、と同時に最初の脊椎動物として、この地球上に出現した。現在生き残っているのは、ヤツメウナギやヌタウナギの仲間だけで、わずか百種ほどである。

写真1-1　スナヤツメの産卵(桑原禎知撮影)

これらは海底や川底に沈む卵(沈性卵)を産む。その際、精子もほぼ同時に放出され、体外受精が起こる。その後、親がそこにとどまって卵を守ることは知られていない。カワヤツメ類では、卵を砂礫中に埋め込むことによって、またヌタウナギ類では堅い卵殻に包まれた卵を産むことによって、捕食者からある程度は守られている。

軟骨魚綱はサメやエイの仲間で、千種ほど知られており、そのほとんどが海にすむ。これらはすべて交尾し、体内受精を行う。雄には交尾器があり、それを雌の総排出孔に挿入して、精子を送り込む。体内受精した後、卵を産む卵生の種と、子魚を産み出す胎生の種がある。前者では鳥類のように丈夫な卵殻に包まれた卵を産み、孵化するまで数カ月かか

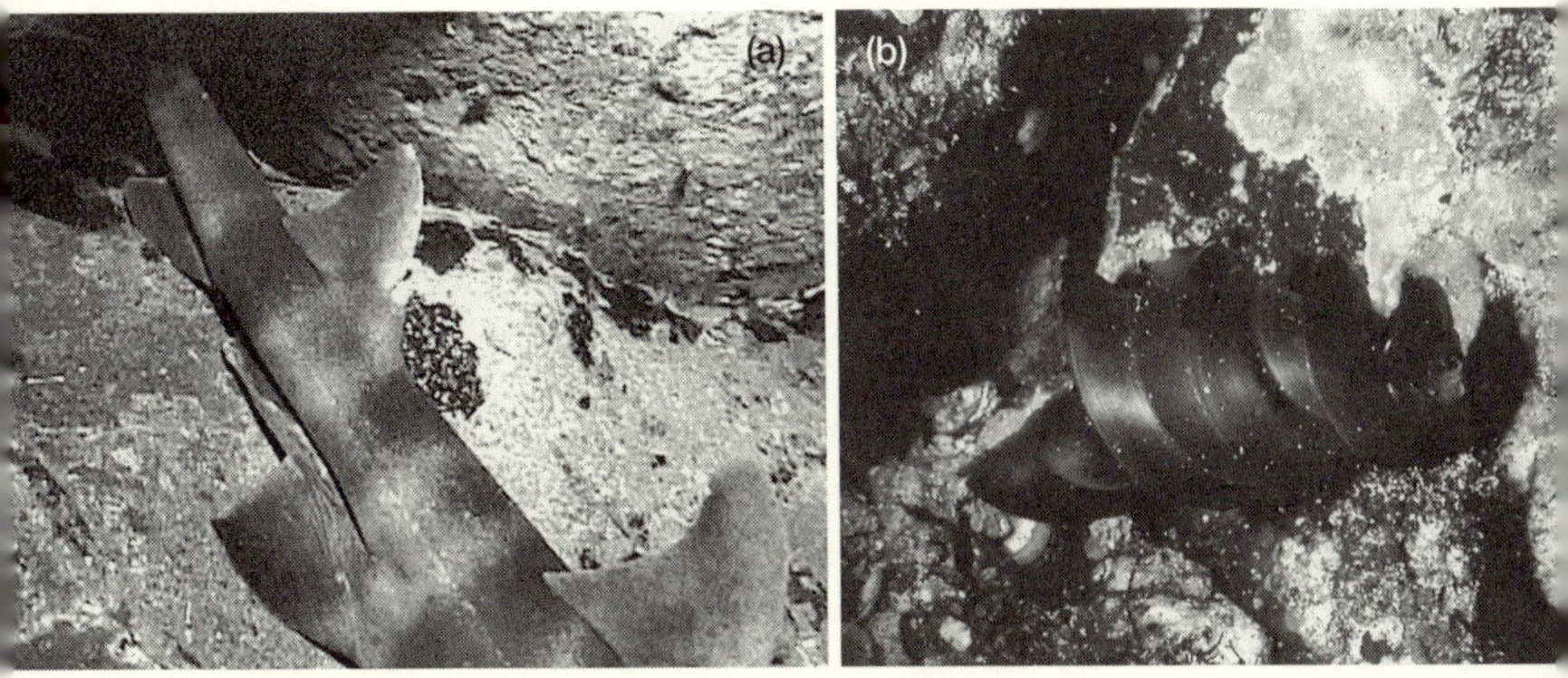

写真1-2 (a) ネコザメの交尾器。腹鰭の後方に2本あるが，うち1本が腹部の左側に見える (頭は下方) (瓜生知史撮影) (b) ネコザメの卵。らせん状に巻いた卵殻の長径は約20cm (瓜生知史撮影)

る。

胎生の種では、母体から胎児への栄養補給が行われる場合もある。哺乳類のように胎盤状組織を発達させた種や、雌の体内であとから成熟した卵を食べて育つ種があり、妊娠期間が一年以上に及ぶものも知られている。ただし、鳥類や哺乳類とは異なり、産卵あるいは出産したあとは、親は子の面倒を見ることはなく、子魚たちはすぐに泳ぎ出して自分で餌をあさる。

体内受精の場合、受精したあと産出されるまでの「子」、つまり受精卵・仔稚魚は母親の体内で保護されている。このような保護の仕方を、「体内運搬」型の保護と呼ぶことにする。当然のことだが、父親はこのタイプの保護を担当することはできない。

表1-1　硬骨魚類の子の保護方法。各タイプの種を含む科の数と全科数 (457科) に占める割合 (%)

保護方法	科数	%
見張り型	76	17
体外運搬型	23	5
体内運搬型	22	5
合　計	100	22

第三のグループ硬骨魚類は、最新の分類では、シーラカンスやハイギョを含む肉鰭綱《にくきこう》と、それ以外の条鰭綱《じょうきこう》に区分されている。現在の地球上で最も繁栄している脊椎動物で、コイ、タイ、イワシ、マグロ、ウナギ、カレイなど二万七千種ほどが記録されており、現生魚類の九六%を占める。その約六割は海産で、沿岸部にすむものが多い。硬骨魚類では、卵と精子を水中に放出して体外受精を行うものが多く、交尾・体内受精を行う種は一割以下である。

硬骨魚類における子の保護

硬骨魚類のうち繁殖様式がわかっている種はまだ一部にすぎないので、ここではあるタイプを示す種を含む科の数で集計して、おおよその傾向を見ることにする。具体的な科名は巻末付表にあげておいた。

硬骨魚類四五七科の中で、何らかの方法で子の保護を行う種が一〇〇科(二二%)から報告されている(表1-1)。言いかえれば、

写真1-3　ブダイ（ロングノーズ・パロットフィッシュ）のペア産卵。雄（左）の腹部から後方に放出された精液の白濁と、雌（右）の腹部から放出された卵の白濁が、雄の尾鰭下方で交わっているのがわかる

七八％の科からは今のところ、保護をする種が報告されていない。硬骨魚類では子育てする種は少数派なのである。例えば、コイ、タイ、マグロなど、われわれにとって身近な魚たちは、いずれも子育てしない派である。

硬骨魚類に見られる保護の方法は、体内運搬・体外運搬・見張り型の三タイプに分けることができる。体内運搬型保護は軟骨魚類と同様に交尾・体内受精する場合であり、体外受精の場合の保護方法には、体外運搬型と見張り型の二タイプがある。それぞれの特徴と割合を説明しておこう。

体内運搬（体内受精）は硬骨魚類のうち二二科（五％）から記録されている。

写真1-4 オキタナゴの出産。稚魚が尾から出てきている(瓜生知史撮影)

このうち胎生種は、海産のウミタナゴ、生きた化石といわれるシーラカンス、鑑賞用の熱帯魚としておなじみのグッピーなど一四科で知られている。出産後の仔稚魚をさらに保護する種はいないが、卵生の体内受精魚のごく一部(カラシン科など)に、産み出した卵を雌が見張り型保護する種がいる。

なお、海産カジカ類の中には、交尾しても体内受精しないものがいる。これらは「体内配偶子会合型」と呼ばれ、交尾後、精子は卵巣腔内で卵と出会い、卵門内部までは入り込むが、卵内へは侵入しない。その後、放卵されて海水と接触して初めて受精が完了し、胚発生が始まる。つまり、交尾はするが、体外受精なのである。これらの海産カジカ類では、後に述べる雄による卵の見張り型保護が見られる。

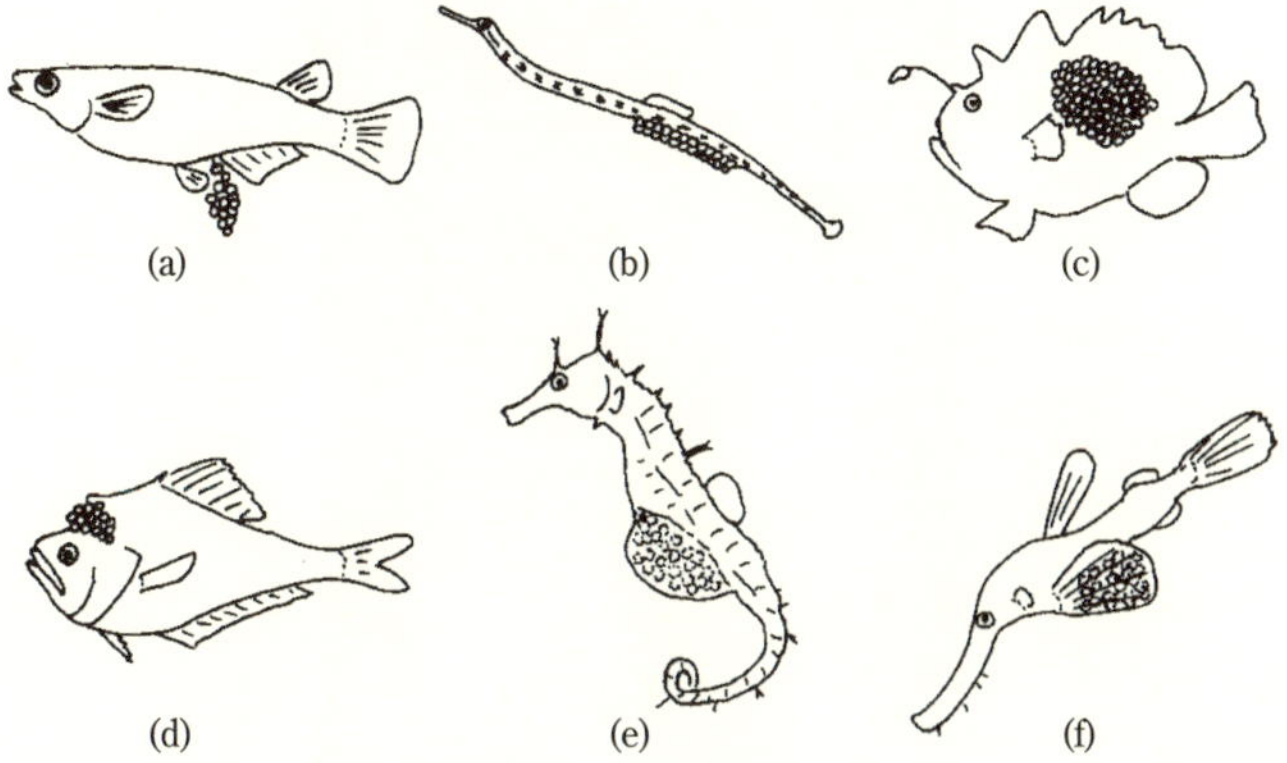

図1-1　体外運搬の方法。(a) 一時的運搬 (メダカの雌)，(b) 腹面付着 (イシヨウジの雄)，(c) 体側面付着 (カエルアンコウ科の一種の雄)，(d) 額付着 (コモリウオの雄)，(e) 育児のう (タツノオトシゴの雄：腹面の皮膚が変形)，(f) 育児のう (カミソリウオの雌：腹鰭が変形)

体外運搬型保護

体外運搬型の保護は硬骨魚類のうち二三科(五%)から報告されており、その具体的な方法はバラエティに富んでいる。例えば、卵塊を下唇に付着させて運ぶナマズの一種、額に付着させるコモリウオ科、体側面に付着させるカエルアンコウ科など、体のさまざまな場所が利用されている。

メダカでは産卵・体外受精後、卵はすぐには体から離れず、雌は生殖口から卵塊をぶら下げたまま数時間泳ぎ、水草など適当な付着場所まで運ぶ。ナマズの一種の雌や、ヨウジウオの雄は、卵を腹面につけて孵化するまでもち運ぶ。さらに、

写真1-5　ハナタツのペアと育児のう。左が雌，右が雄。雄の腹部の皮膚が変形して袋状になり，上部に開口する (片野猛撮影)

写真1-6　カミソリウオのペアと育児のう。雌 (上) の左右の腹鰭の縁が粘着して袋状になっている

写真1-7　アゴアマダイの一種の口内保育。稚魚の孵化と吐き出し（和田佳穂里撮影）

ヨウジウオ科のタツノオトシゴでは、雄の腹面の皮膚が「育児のう」に変形しており、ここに卵を入れて運ぶ。ヨウジウオ科に近縁とされているカミソリウオ科では、雌の左右の腹鰭の縁が癒合して育児のうになっている。育児のうには卵だけでなく、孵化した仔魚もしばらくとどまる。

体外運搬型保護のうち最もポピュラーな方法は、口の中に入れて運ぶ口内保育である。口の中や育児のうは「体内」ではないかと思われた方もおられるかもしれないが、これらは外界とつながっているので、厳密には体外とみなすべきであり、体外運搬として扱われている。口内保育は淡水魚のカワスズメ科（シクリッド）や、海にすむテンジクダイ科など合計一一科で知られている。海産のものはすべて卵保護だけで、孵化した仔魚は口から吐き出され、水面に向かって上昇していく。一方、淡水魚では孵化後の仔稚魚もさらにくわえているケースが、カワスズメ科のほか、アロワナ類やハマギギ科（ナマズ目）で知られている。

見張り型保護

見張り型保護は、産卵床（巣）に産み付けた卵を親が見張って守るタイプで、硬骨魚類のうち七六科（一七％）で知られている。産卵床としては岩やサンゴの表面（スズメダイ類）、泥に掘った穴（ハゼ類）、海藻（カワハギ類）、水草でつくった巣

写真1-8 サビハゼの卵保護。石の下を掘ってつくった巣の天井に卵を産み付け，雄が保護する（原多加志撮影）

写真1-9　イバラトミヨのペアと巣。雌 (左) が巣に入りかけている (桑原禎知撮影)

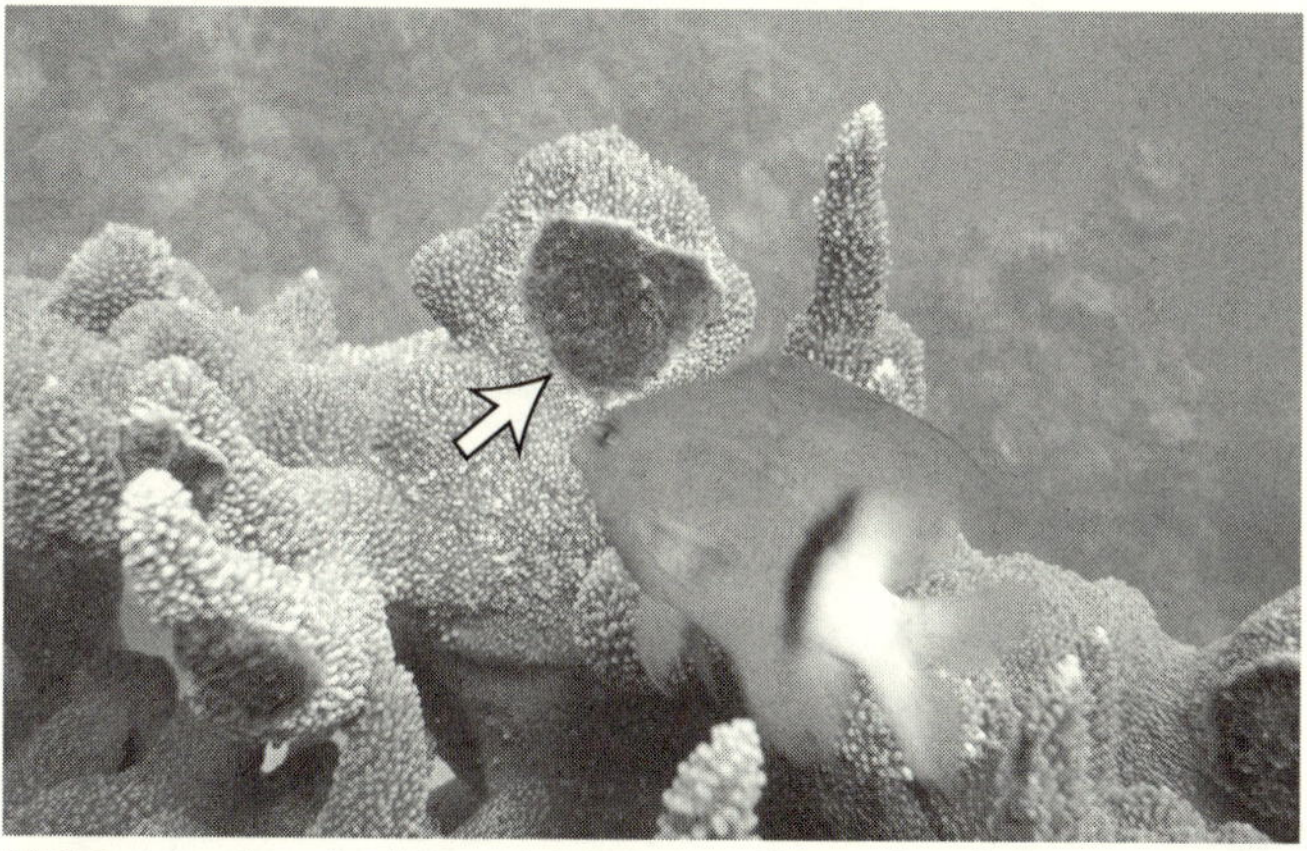

写真1-10　サンゴの枝につくられたイシガキスズメダイの巣 (産卵床：中央上) と雄。サンゴの表面をかじり、生えてきた糸状藻類のマットに産卵する

（トゲウオ類）など、さまざまな基質が用いられ、あらかじめ親（雄の場合が多い）が口で掃除したり、加工したりする。産卵後は、口や胸鰭を用いて卵に水を送り（酸素の補給）、卵についたゴミや死卵を口にくわえて取り除く「掃除」をする。細長い体を卵塊に巻きつけて抱卵するものもいる（ギンポ類など）。

さらに、孵化したあとも仔稚魚の群れを見張って守ることも淡水魚では見られる。このときの親の役割は、主に敵からの防衛であり、鳥類や哺乳類とは違って、親が子に対して直接餌を与えることはごく稀である。南米の淡水魚ディスカス（カワスズメ科）などでは、仔魚が孵化する頃、親の体の表面に白いブツブツができ始め、そこから「ミルク」と呼ばれる栄養分が分泌され、仔魚はそれをつついて育つ。哺乳類の授乳と似ているが、ディスカスでは母親のみならず父親もミルクを出すことができる。

以上をまとめてみると、見張り型が七六科（硬骨魚類全科数の一七％）、体内運搬型が二二科（五％）、体外運搬型が二三科（五％）で、硬骨魚類の保護方法としては見張り型が多いことがわかる（表1-1）。一方、七八％の科では子の保護は見られず、タイやマグロなどのように、浮性卵を産みっぱなしにするものが多い。この卵の性質も考慮しながら、子の保護と生息環境のかかわりを次に検討してみよう。

表1-2　硬骨魚類の繁殖環境（淡水/海）と繁殖様式。各タイプの種を含む科の数と、そのうち子の保護が見られる科の割合（%）

繁殖様式	淡水			海		
	科数	保護科数	%	科数	保護科数	%
体内受精	15	15	100	10	10	100
体外受精						
浮性卵	14	2	14	131	0	0
沈性卵	96	55	57	60	41	68
合　計	116	63	54	186	46	25

環境条件と子の保護

地球の表面積の七割は海であるが、魚類全体の約四割は、川や湖などの陸水（淡水）域にすんでいる。同じ水中とはいえ、海と川や湖では生息環境としては大きな違いがある。この環境条件の違いが子の保護にどのように影響しているかを見てみよう。

硬骨魚類のうち二二%の科で子の保護が見られることは先に述べた。これを繁殖場所別に見ると、淡水域で繁殖するものでは一四〇科中六三科（四五%）で子の保護が発達しているのに対して、海域で繁殖するものでは三〇六科中四六科（一五%）にすぎない。なぜ、淡水のほうが子の保護がよく発達しているのだろうか。

もう少し厳密に検討してみよう。受精様式と卵の性質がわかっている科だけについて集計しなおしてみた（表1-2）。この表ではまず体外受精か体内受精かを区別し、さらに体外受精の場合を浮性卵と沈性卵に分けて示してある。浮性卵は油球を含む

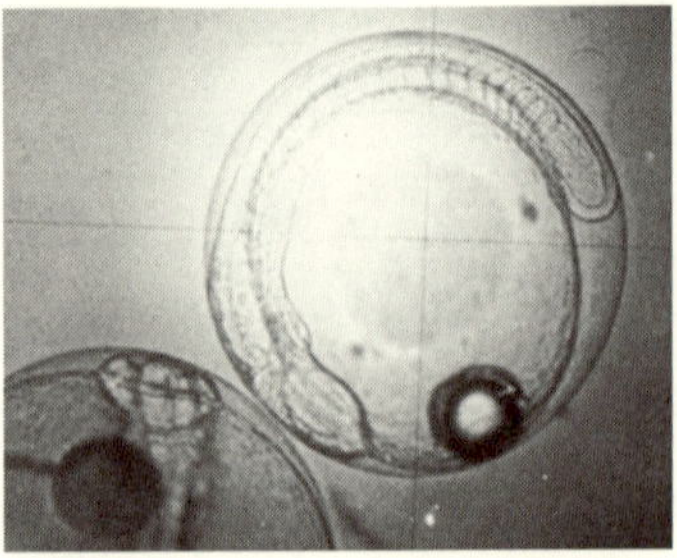

写真1-11　ホンソメワケベラの浮性卵。右下に小さな油球が見える

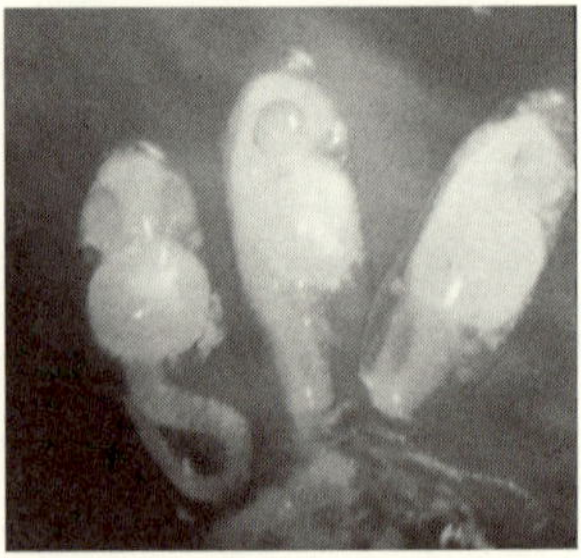

写真1-12　ダルマハゼの沈性付着卵。下方に付着糸をもち，基質に付着する

写真1-13　タイワンキンギョのペアと泡巣。水面の水草の手前に雄 (左) が出した泡がたまっており、そこに卵を埋め込む (仲村茂夫撮影)

場合が多く、比重が水よりもやや軽く水中に浮遊する。沈性卵は底に沈むだけでなく、粘着性をもっていることが多く、粘着卵あるいは付着卵とも呼ばれる。

保護する割合は、全体の合計ではやはり淡水（五四％）のほうが海（二五％）より高いが、ここで卵の性質の違いに注目してほしい。海では一八六科のうち一三一科（七〇％）が体外受精で浮性卵を産むのに対して、淡水では一一六科中一四科（一二％）とかなり少ない。そして、浮性卵の場合には、一般に産みっぱなしで保護しないのである。浮性卵を保護するケースは淡水においてのみ見られ、水面に自ら出した気泡や草で浮巣をつくり、そこに卵を埋め込んで見張る種類に限られる（キノボリウオ科とオスフロネムス科）。

一方、体外受精で沈性卵を産む場合に限って見ると、淡水でも海でも、ともに六割前後の科で子の保護が見られる。そして、保護の方法も、どちらでも見張り型と体外運搬型がほぼ三対一と似た割合になっている。

つまり、淡水と海で子の保護の発達の程度が違うというのは、そもそも、卵の性質が違うことによるのである。ではなぜ、海で浮性卵を産む種類が多いのか。ひとことでいえば、海は淡水に比べ、より広大で連続的な、安定した環境であるから、ということになるが、もう少し具体的に検討してみよう。

写真1-14　ハゲブダイのグループ産卵の直後に、卵 (中央上の白濁) めがけて殺到するスズメダイ類の群れ

浮性卵と沈性卵

サンゴ礁にすむベラやブダイなどでは、満潮後にリーフエッジ（礁縁）までいって産卵することにより、浮性卵は引き潮に乗って比較的安全な沖合へ流されていく。しかも、海流によって遠方まで流されたとしても、卵にとっての生理的環境条件はあまり変化しない。

これに対して、河川で浮性卵を産むと、卵は短時間のうちに大きく異なる環境まで（時には海まで）流されてしまう。塩分濃度の変化に対する浸透圧調節など、さまざまな生理的耐性を発達させない限り、卵の生存はあやうくなる。同じ淡水域でも、広大な流域をもつ川ほど浮性卵を産む種の割合が高いという事実もうなずける。

一方、止水域において浮性卵を産んだとしたら、その周辺にいる他の魚たちに食われる可能性が高い。それならむしろ、保護をしないにしても、石の間や水草などに沈性卵を隠すように産み付けたほうがましだろう。

では逆に、浮性卵を産めるはずの海で、割合としては少ない（約三割）ながらも、沈性卵を産む魚が存在することは、どう説明すればよいのだろうか。例えばサンゴ礁では、小型の種類ほど沈性卵を産み、それを保護する傾向が強い。これは一つには、小型魚は大型魚に比べて、産卵場所までの移動に際して、遊泳能力ならびに捕食されやすさという点で不利なためだと考えられている。さらに、サンゴをはじめ複雑な微地形のあるところでは、小型魚ほど効率よく卵を守れるような巣（小さな穴やすき間）を手に入れやすい、ということも考えられる。

ただし、海の魚では、沈性卵を産んで見張り保護をするものの九割は孵化までの保護だけであり、孵化後の仔魚は浮性卵の場合と同様、浮遊生活を送るのである。ちなみに、淡水魚の見張り型では、四割で孵化後も保護を続け、卵保護だけの場合でも孵化仔魚は普通、浮遊生活期をもたない。

海産魚の仔魚にとっての餌であるプランクトンの量は、沖合より沿岸部のほうが多いという報告もあり、餌の確保のために沖へ流すとは考えにくい。沖でも餌を食っていけるということは、もちろん重要であるが、むしろ、沿岸より沖合のほうが仔魚の捕食者が少ないことが、浮遊生活を選ばせているように思える。小さな巣の中にある動かない卵の保護に比べると、摂食のため多少とも空間的に広がらざるをえない仔稚魚を敵から防衛することは、より困難だと考えられるからである。ただし、この議論は体外運搬や体内運搬の場合には当てはまらず、実際、これらにおいては孵化後も保護を続けるものの割合は、海と淡水でほとんど差がない。

以上、淡水と海とを比べ、環境条件と子の保護のかかわりを検討してみた。繰り返すと、海では生活史の初期に浮遊生活を送るものが多いという特徴があり、浮性卵を産む場合は保護をせず、沈性卵を産む場合も孵化までの卵保護だけしかしない傾向がある。では次に、誰が保護を担当するのかを見てみよう。

保護担当者の性

体内受精する体内運搬型の保護では、それを担当できるのは雌だけであるが、他の二つのタイプではどうだろうか。保護担当者の性がわかっているものについて、科の数を集計してみた(表1-3、巻末付表も参照)。

見張り型保護では、雄だけが担当する場合が六四%と最も多く、次いで両親が二〇%、雌だ

表1-3 硬骨魚類における保護者の性。保護方法ごとに、各タイプの種を含む科数の割合（%）を示す

保護方法	♂	両親	♀
見張り型	64	20	16
体外運搬型	55	10	34
体内運搬型	0	0	100
全　体	53	15	32

表1-4 繁殖場所別（淡水/海）に見た保護者の性。保護方法ごとに，各タイプの種を含む科数の割合（%）を示す

保護方法	淡水	保護者 %			海	保護者 %		
	科数	♂	両親	♀	科数	♂	両親	♀
見張り型	47	65	21	14	34	62	20	18
体外運搬型	17	48	13	39	10	82	9	9
体内運搬型	15	0	0	100	10	0	0	100
全　体	63	51	16	33	46	56	15	29

けが担当するのは一六％である。一方、体外運搬型でも、やはり雄のみが最も多い（五五％）が、雌のみによる場合が増え（三四％）、両親による保護は少ない（一〇％）。両親とも担当するのは口内保育を行う三科（ハマギギ科、カワスズメ科、タイワンドジョウ科）でのみ知られ、体表などに付着させる方法では見られない。

体内運搬型も含めて、全体としての保護者の割合を計算してみると、雄五三％、両親一五％、雌三二％となる。雄だけによる保護が多いことは間違いないが、雌も相当やっている。「魚ではなぜ父親が保護するのか」という議論は、あくまでも鳥類や哺

乳類と比べたら、硬骨魚類では父親のみで子育てするケースが多い、ということからきているのである。

海と淡水の違いを見ると、見張り型の場合には、海と淡水で保護者の性の割合はよく似ている（表1-4）。一方、体外運搬型では、淡水の場合、父親のみで子育てするケースが約半数であるのに対し、海では八割を越えている。この違いをもたらす原因については、後に配偶システムなどを紹介したあとで考えることにする。

このような違いがあるものの、体内運搬型を含めた全体では、保護者の性の割合は海と淡水であまり違わない。つまり、誰が保護を担当するかということには、海と淡水という環境の違いよりも、むしろ両者に共通する別の条件があると考えたほうがよいだろう。ではその条件とは何だろうか。

なぜ子の保護をするのか

進化論と適応度

なぜ魚では父親による保護が多いのかという問題を考える前に、そもそもなぜ親は子の保護をするのだろうか。それに答えるには、生物の進化に関する基本理論を踏まえておく必要がある。

生物の特徴の一つは、子孫を残すことである。子孫を残さなければ、その種は絶滅する。現在、地球上に多数の生物が存在するのは、三十数億年の昔から延々と子孫が残されてきた結果にほかならない。

今、「種」という言葉を使ったが、実際に繁殖し、子孫を残していくのは、その種に属する一匹一匹の「個体」である。同じ種に属する個体同士は、もちろん一定の共通の性質を備えているが、すべての面でまったく同じ性質をもっているわけではない。例えば、たくさんの卵を産む性質をもった個体もあれば、少ししか産まない個体もいる。ただし、いくら多くの子を産んでも、その子が繁殖可能になるまで育ってくれなければ、実質的に子孫を残したとはいえない。

つまり、繁殖可能になるまで生き延びた子を何匹残せたかが重要なのである。このような意味での自分の子孫を何匹残せるかを、その個体の繁殖成功度あるいは適応度と呼んでいる。ただし、海の魚の多くは、卵や仔魚のときは浮遊生活を送り、海流に乗って分散していくので、ある個体が何匹の繁殖可能な子孫を残したかを追跡することはまず不可能である。そこで、このような場合には、受精卵数あるいは孵化仔魚数を繁殖成功度として扱うことが多い。

さて、この「どれだけ子孫を残せるか」という性質の違いが遺伝的なものであるなら、他の個体より多くの子孫を残す個体の子孫たちは、やはりその性質を受け継ぎ、次世代にまた他の個体より多くの子孫を残すだろう。そして、同じ環境条件が続く限り、何世代もたつうちに、この性質をもった個体が、その種の大部分を占めるようになるはずである。もしここで突然変異が生じ、それが従来より多くの子孫を残す性質のものであれば、その新しい性質がまた種内全体に広がっていくはずだ。あるいは、環境条件が変化すれば、それまで不利であった性質のほうが有利に（より多くの子孫を残すように）なり、旧来の性質にとって代わることもあろう。

これが、イギリスのダーウィンが一八五九年に出版した『種の起源』で提唱した「自然選択説」による生物の進化プロセスの基本的説明である。

もちろん、動物の行動のすべてが遺伝的に支配されているわけではない。いわゆる学習など、後天的に身につけた性質は子孫に伝わるものではなく、そのような性質はここでいう進化の対象とはならない。ただし、雄と雌のかわす求愛行動や子育ての行動などの大部分は遺伝的・本能的なものであると考えられている。

ここで重要なのは、ある個体と別の個体の違いをもたらす遺伝子である。ある行動をとるには、当然、体のさまざまな部位の筋肉や神経系の発達が必要であり、それには莫大な数の遺伝子が関与しているに違いない。この多くの遺伝子のうち、ごく一部が異なることによって、異なる行動が発現することがあるのである。すなわち、ある行動（性質）の進化とは、それと他との違いをもたらす遺伝子が、それをもつ個体が子孫を残すことによって、どれだけ次の世代にコピーを増やしていくかということにほかならない。つまり厳密には、適応度とは子孫の数ではなく、遺伝子のコピーの数で測るべきなのである。

血縁度と子の保護

例えば、ミツバチやアリは一匹の女王（繁殖雌）と多数のワーカー（働きバチ・働きアリ）からなるコロニーで生活する。このワーカーたちは女王の娘であるが、自分では子を産まず、女王の子、つまり自分の弟妹の世話をする。自分の子を産まなければ、ワーカーという性質は次世代に伝わらないように思える。ところが、実は弟妹には、自分がもっている遺伝子と同じ遺伝子が共有されている可能性があり、弟妹の一部が後に雄として、あるいは新しい女王として繁殖すれば、ワーカーという性質を示す遺伝子も残っていくのである。この仕組みは、血縁選択と呼ばれている。

親子間、兄弟間などの遺伝子の共有の程度は血縁度と呼ばれている。血縁度の計算の仕方について説明しておこう。それにはまず、卵と精子という生殖細胞をつくって受精するときの染色体の受け渡しについて説明しておく必要がある。

普通の動物は、細胞の核の中に、たくさんの遺伝子が並んだ染色体を必ず偶数本もっている。これは、互いによく似た「相同染色体」が一対ずつあるからである。例えば、人間では二三組四六本ある。一組の相同染色体の同じ位置には、それぞれ同じ事柄に関する遺伝子が並んでいる。つまり、ある事柄を決めるのに二つの遺伝子が関与しているのである。それはまったく同じ命令をもつこともあれば、異なる命令をもつこともある。例えば、体の色という事柄に対して、白と黒という異なる命令になっている場合を対立遺伝子と呼んでいる。

そして、子孫をつくるに際しては、まず、卵や精子に二つの遺伝子のうちどちらか一つを、

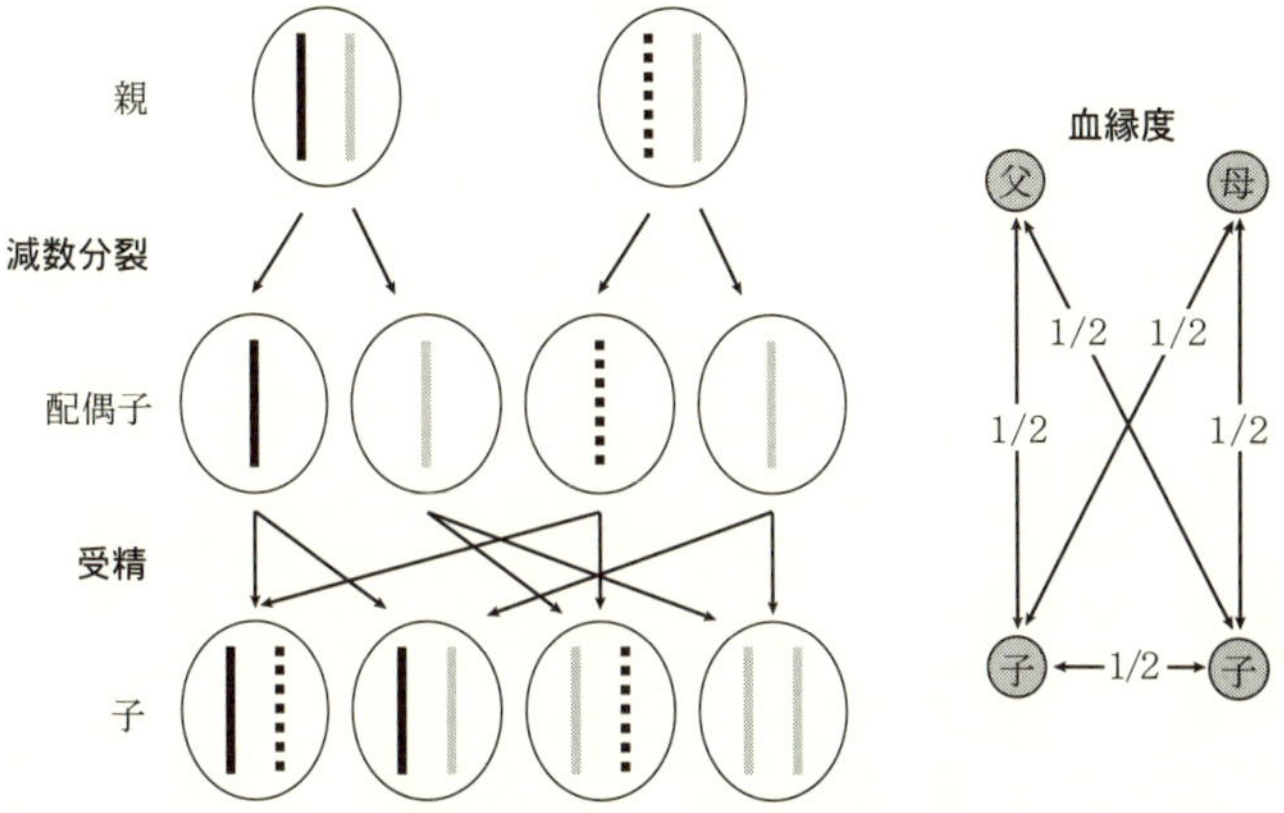

図2-1　減数分裂と血縁度。親のもつ相同染色体一組の受精に至るまでの挙動（左）と、親子間・兄弟姉妹間の血縁度（右）

言いかえれば各二本の相同染色体のどちらか一本（正確にはもとの二本のコピーをつぎはぎにした一本分）を渡すのである。この過程を減数分裂と呼ぶ。卵と精子が受精してできた子は、母と父からおのおのの組について一本ずつの染色体をもらい、再び二本一組の相同染色体をもつ二倍体に戻る（図2-1）。

このような有性生殖をする二倍体の生物では、自分がもっているある遺伝子のコピーを、自分の子がもっている可能性（血縁度）も、自分の兄弟がもっている可能性も、ともに1/2で等しいのである。したがって、自分の子の世話をするのも、自分の子と同年齢の弟妹の世話をするのも、自分のもっている遺伝子のコピーを残すという点では

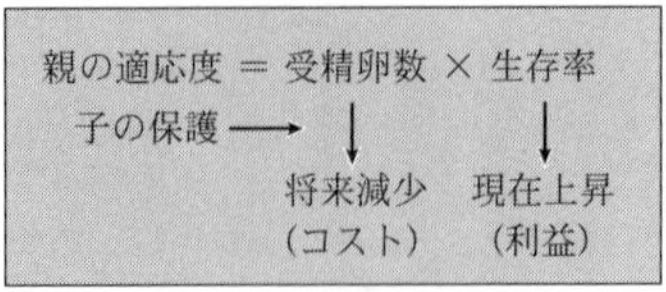

図2-2　子の保護の利益とコスト

同じ価値があるのだ。

現実には、自分の子の世話をする動物に比べ、兄弟の世話をする動物は稀である。これは、親子ほど年の離れた兄弟と同居するような社会が稀だということにほかならない。

このように、動物の子育てとは、自分のもっている遺伝子をできるだけ多く残すための工夫だとみなすことができる。ただし、いつでも子育てしたほうがよいとは限らない。確かに、子育てすればその子たちの生存率は上昇する。ところが、子育てに手間をかければかけるほど、次の繁殖にとりかかるのが遅れることになる。これを子育てのコスト（損失）と呼んでいる。これに対して、子育てしないと子の生存率は低くなるが、その分、頻繁に繁殖すれば、子育てする場合と同じくらいの数の子孫を生き残らせることができる場合もある。つまり、現在の繁殖と将来の繁殖はトレードオフの関係になっているのである。

要するに、子育ての発達したものほど「進化している」といえるわけではなく、状況（環境条件など）に応じて、子育てするのとしないのとどちらがよい（適応度が高い）かが決まるのである。子育ては、子の保護をすることによって、その間、次の繁殖ができないという損失を上回るほどの、子の生存率の上昇があって初めて進化しうるのである。

雌雄の対立

さて、もし子育てをしたほうが有利な状況にあるとき、誰がそれを担当すべきだろうか。大部分の動物は主に有性生殖で子をつくる。つまり、雄と雌、両親が存在する。それなら、両親が協力して子育てするのがあたりまえか。確かに、多くの小鳥たちは両親が協力して子を育てる。しかし一方、ほとんどの哺乳類は母親だけで子育てする。なぜ父親は協力しないのか。

小鳥たちの場合は、片親だけでは子の保護と子への餌運び（給餌）が十分にできず、結局、子の生存率が著しく悪くなってしまうということが、両親の協力をもたらしていると考えられている。しかし、もし片親でもほどほどに子を育てることが可能だとしたらどうだろうか。その場合には、雄も雌も相手が子育てを引き受けてくれればよいと考えているに違いない。

「考えて」と書いたのは、もちろん例えであり、実際に動物が「考えて」いるかいないかはここでは問題ではない。正確にいえば、相手が引き受けてくれたほうが、自分自身の適応度が上がるということである。雌であれば、子育てを雄に押し付け、一生懸命に餌を食べて早く次の卵を準備したほうが、多くの子孫を残せるに違いない。一方、雄にしても、雌に子をまかせ

♂ ⟶ 精子 ＝ 小さい，数多い
♀ ⟶ 卵　 ＝ 大きい，数少ない

図2-3　雄と雌の違い

て、自分は次の配偶者を早く見つけ、その雌に自分の子を産ませたほうが都合がよい。つまり、受精に至るには雄と雌は協力しなければならないが、受精卵ができたとたんに、子育てをめぐって雌雄は対立する。両親がいなければ子が育たないという状況においてのみ協力するのである。

さらに、雄と雌は対等の関係にあるわけでもない。そもそも雌とは卵をつくる性、雄とは精子をつくる性と定義される。卵は精子に比べ圧倒的に大きく、多くの栄養分を含んでいる。逆に数のうえでは精子は卵に比べてうんとたくさんつくられている。つまり、雌とは大きな配偶子（卵）を少しつくる性、雄とは小さな配偶子（精子）を多くつくる性という基本的な違いがある。

今、ある雌の卵が、ある雄の精子により受精して、受精卵ができたとする。この本でいう「子育て」とは、この受精卵ができた瞬間から、これを保護・世話する行動をすべて含める。さて、この子（受精卵）をつくるにあたっては、大きな配偶子（卵）を提供した雌のほうが、より多くの貢献をしていることになる。言いかえれば、より多くの「投資」をしているのである。もし雌がこの子を見捨てると、それまでの投資が無駄になるかもしれない。一方、雄のほうはごくわずかしか投資していないから、子を見捨てても損失は知れている。だから雄のほうが子を見捨てやすい？

一見、正しそうに見えるこの説明は、実は間違っている。イギリスの進化生物学者ドーキンスがうまい例えで、この誤りを指摘している。彼はこれを「コンコルドの誤り」と呼んだ。つまり、これまでいかに大金を投資したからといって、それをスクラップに回すことをためらうべきではない。過去にどれだけ投資した事業であったにせよ、現在の時点でそれを放棄することが将来の利益につながるのであれば、そうしたほうがよいということである。この例えでは経済的利益を上げることが基準になっているが、動物の雄と雌においてはそれを適応度に置き換えればよい。

つまり、雄と雌のとるべき道は、今そこにいる自分の子に対してこれまでどれだけ投資してきたかではなく、これからこの子を育てるのと、次の子をつくるのと、どちらが適応度（生涯繁殖成功度）を高めるかということで決まるのである。

ここでもまた、雄と雌は対等ではない。先に述べたように、雄は小さい配偶子をたくさんつくる性、雌は大きい配偶子を少しつくる性である。時間当たりでいえば、雄は雌よりも頻繁に繁殖する能力をもっている。雄はある雌の卵に受精したあと、次に別の雌と出会えば、すぐにでもその卵を受精する能力がある。一方、雌のほうはそんなに早く次の卵を準備することはできない。したがって、もし新たな配偶者を簡単に手に入れるチャンスがあるなら、雌ではなく雄のほうが、今の子と雌を見捨てる可能性が高いといえる。このようなチャンスがあるかどうかは、その動物の社会・配偶システムによって決まるはずである。

さて、このような基本的な考え方を踏まえながら、まず、繁殖行動や社会行動が詳しく研究されてきた三つのグループについて具体的に紹介してみたい。すなわち、カワスズメ科（第3章）・スズメダイ科（第4章）・ベラ科（第5章）で、子育てに関してはそれぞれ異なった特徴をもっている。また、いずれも多数の種を含むグループなので、一つの科の中でいかに多様な社会が見られるかということも紹介しておきたい。それぞれの子育てと社会を紹介しながら、なぜそのような特徴をもつかということも、この章で述べた理論にそって説明を試みることにする。

3 カワスズメの子育てと社会

カワスズメ科の繁栄

シクリッド（カワスズメ科）はもともと日本にはいない魚である。しかし、ティラピアとかチカダイ・イズミダイという名を耳にしたことはないだろうか。これらはアフリカ原産の淡水魚だが、一九六〇年頃から日本にも輸入され養殖されて、今では魚屋の店先にも出ている。暖かい沖縄などの河川では野性化して繁殖している。一方、熱帯魚の飼育の好きな人にはカワスズメ科は大変人気のある魚で、シクリッドという呼名で親しまれている。

カワスズメ科は、主にアフリカと中南米、そして一部は熱帯アジアにも分布する淡水魚で、一三〇〇種以上が記録されている大きなグループである。特にアフリカ大陸東部の大地溝帯に並ぶ湖では著しい種分化が知られており、ビクトリア湖とタンガニイカ湖ではそれぞれ二〇〇種前後、マラウイ湖では五〇〇種を超えるのではないかといわれている。しかもその大部分が、それぞれの湖にしかいない固有種である。

この多様な種分化がどのようにして起こったのかは、生態・進化を考えるうえで大変興味深い。と同時に、カワスズメ科は子の保護がよく発達した「子育てする魚」としても有名である。実は筆者も、一九八〇年代に三回タンガニイカ湖を訪れて潜水調査をする機会があり、カワスズメたちの繁殖行動を観察することができた。ここでは、このタンガニイカ湖の種類を中心に、カワスズメ科の子育てと社会を見ることにしよう。

クーへの子育て

タンガニイカ湖には現地で「クーへ」と呼ばれる大型のカワスズメがいる。学名はボウレンゲロクロミス・ミクロレピス。全長八〇センチにも達し、カワスズメ科の中では世界最大である。その姿はまるで海のブリやカンパチのようで、味のほうもなかなかのものである。現地でも、主な漁獲対象魚の一つとして、珍重されている。

成魚はふだん群れをつくって沖合を泳ぎ回り、主に小魚を襲って食べる。産卵が近づくと沿岸部にやってくる。繁殖に際しては、まず群れから離れた雄と雌のペアができ、一緒に泳ぎながら、ときどき底に下りて巣造りの場所を探し始める。

写真3-1　クーへの産卵。上が雄、下が雌。雌の腹部から小さな生殖突起(産卵管)がのびて、岩の表面に卵を付着させていく

巣は水深三～二五メートルの岩場と砂地の境目あたりにつくる。巣といっても、砂をかぶった平らな岩の表面を掃除するか、砂利を少し掘るといった程度のもので、そこに卵を産み付ける。

卵は洋梨型で長径二ミリ、短径一・五ミリ。粘着性があり、互いにくっついて一～三層に、直径二〇センチくらいの範囲に産み付けられる。卵数は一万前後と、大型なだけあってタンガニイカ湖のカワスズメの中では、とび抜けて多産である。全部産み終えるのに一時間以上か

かる。

　産卵が終わると、雌は卵のすぐ上にとどまり、胸鰭をあおいで水送りを行う。これは他の魚でもよく見られる行動で、卵に新鮮な酸素を含んだ水を供給する意味があるといわれている。さらにときどき、卵を口でついばむようなしぐさもする。これは、卵の表面についたゴミや死卵を取り除く行動である。

　一方、雄はこのような行動はとらず、巣から一メートル前後離れてあたりを警戒する。同種や卵をねらう他の魚（主にカワスズメ科の他種）が近づいてくると、激しく追い払う。この追い払いは雌も行う。雌が他の魚を追って巣から離れたときには、雄が代わって巣の上にやってくる。

　ペアの雄は必ず雌より大きく、また気が強い。ある雄など、観察のため巣に近づいた私に向かってきて、思わずもっていたカメラを盾にすると、それにゴツン、ゴツンと頭突きをくらわした。巣の中の卵を調べようと手を出そうものなら、指に食いつかれることさえあった。もっとも「気の強さ」は個体ごとにずいぶん違い、卵を見捨ててさっさと逃げ出すペアもあった。

　さて、三日たつと孵化が起こる。孵化に際して、親は面白い行動をとる。逆立ちして巣に口を付け、何度かパクパクする。このとき、（おそらく数十匹の）仔魚を口に含む。そして巣から一メートル前後泳いでいき、砂地にあらかじめ掘っておいた直径二〇センチ程度のすり鉢状の

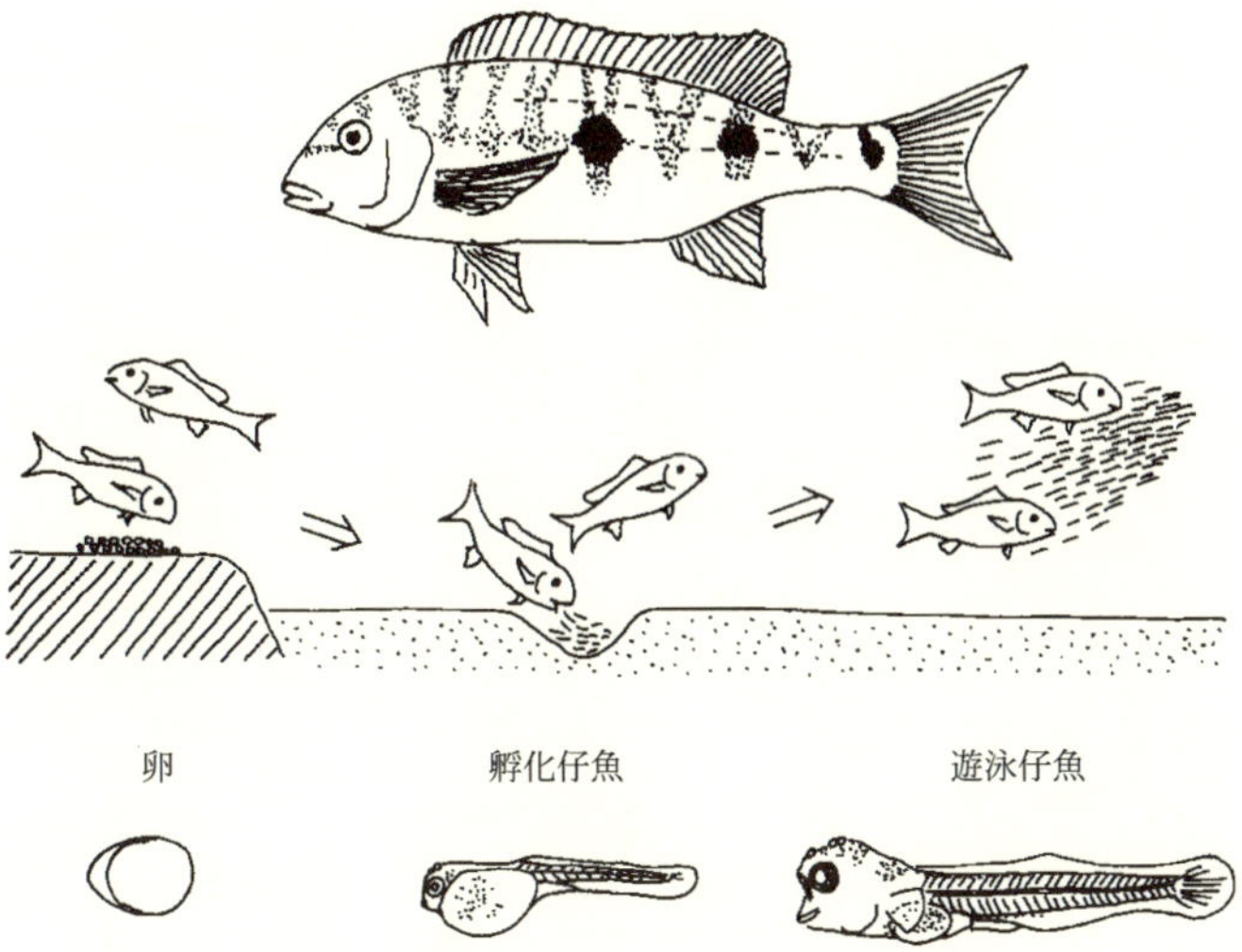

図3-1　クーへの子育て

穴に仔魚をはき出す（図3-1）。何度も、もとの巣と新しい巣を往復し、二時間ほどかけて全部を移し終える。この運搬行動を行うのは雌だけで、雄は近くをウロウロして警戒しているだけだった。

　孵化したばかりの仔魚の大きさは全長で五ミリちょっと。大きな卵黄のうをもち、一見オタマジャクシ風である。尾を盛んに振るが、まだ泳ぐことはできない。そのかわり、頭部に三対の粘液腺をもち、そこから分泌した粘液で砂や石などに付着することができる。

　それから約五日間、ときどき別の砂のベッドに移されて、仔魚は育っていく。この間も、卵のときと同様、雌が

写真3-2　クーへの仔魚。まだ泳ぐことができず、砂穴の中で密集している

巣の真上にいることが多く、雄はやや離れて守っている。

孵化して五日ほどたつと、仔魚は卵黄をほぼ吸収して、八ミリあまりに成長する。胸鰭と尾鰭はある程度発達するが、背鰭や尻鰭はまだ膜状のまま、腹鰭に至ってはまだ形もない。それでも、底から浮き上がって泳ぎ出し、互いに集まって密な群れをつくる。そして小さなプランクトン（主に甲殻類のコペポーダ）を食べ始める。

こうして群れをつくった子供たちは、中層をあちこち泳ぎ回る。両親は群れにぴったり寄り添う形で泳ぎ、近づく敵がいれば追い払う。この時期には雄と雌の役割分担ははっきりしなくなる。群れで泳ぎ始めると移動力が大きいために、毎日同じ群れを追いかけることは不可能で、以後何日間、保護が続くのかは正確にはわかっていない。一〇センチ近くになった若魚にも両親が付き添っていたことから、少なくとも三カ月以上保護していると推定されている。

一夫一妻と両親見張り型保護

このようにクーへは、卵や仔稚魚のそばに両親が付き添って、見張り型の保護をしていた。タンガニイカ湖のカワスズメのうち約三分の一、カワスズメ科全体でもほぼ同じ割合が見張り型保護を行う。特に中南米のカワスズメの大部分はこのタイプである。

これらは卵を岩などの基質に産み付けるので、基質産卵魚と呼ばれることもある。産卵基質は岩の表面をはじめ、貝殻、植物などさまざまである。孵化直後の仔魚を雌親が口にくわえて、近くに掘った穴へ移すという行動も、多くの種で共通している。

仔魚が泳ぎ始めてから、クーへのように大規模に移動するのはむしろ少数派で、多くの小型種では仔稚魚は産卵場所の近くに群がり、独立のときまでとどまっている。保護期間は一カ月から四カ月にも及び、体長一〇センチほどの親が、子が三センチを超える大きさになるまで守っているケースもある。

写真3-3　ネオラムプロローグス・トアエの両親による稚魚の見張り保護。上が雄，下が雌

これら見張り型カワスズメの大部分は、両親で協力して子育てする。つまり、一夫一妻である。そして、夫婦間で役割分担が見られる。雌はより子の近くにいて直接的な世話をやき、雄は少し離れて主に敵からの防衛を担当する傾向がある。

さて、これらのカワスズメでは、両親が見張っていても次第に子の数は減っていく。他のカワスズメなどの魚類に捕食されるのである。クーヘでは数が多いために群れごとの正確な数の変化は調べられなかったが、子が浮き始めるまでに、つまり産卵から一週間ほどの間に、半数以上の巣が放棄された。これらの子供たちは全滅したものと思われる。タンガニイカ湖のラムプロローグス類は一〇〇～一〇〇〇個の卵を産むが、独立までの二～四カ月の間に五～一〇％に減少してしまう。中米のシクラソーマ類でも、よくて二〇％止まりだという。

両親がそろっていてさえこうなのだから、片親だとなおさら大変である。実験的に片親を取り除いてみると、子の減り方はさらに激しく、ときには全滅してしまう。つまり、これらのカワスズメが一夫一妻になるのは、片親では防衛し切れないほど捕食者が多い環境であるため、両親が協力して子育てする必要があるからだと考えられる。

一夫多妻と雌による見張り型保護

見張り型のカワスズメのほとんどすべてが一夫一妻であると思われていた時代もあったが、一九八〇年代から野外調査が進むにつれ、タンガニイカ湖でも中南米でも、一夫多妻の種が次々に見つかり出した。

例えば、タンガニイカ湖のネオラムプロローグス・モデストゥスなどでは、大型の雄が数匹の雌を囲む行動圏をもっている。子の保護は雌がそれぞれ別の巣で行い、雄はときどきそれらをパトロールするだけである。

これらの種の仔魚は、自由遊泳期になってもほとんど浮き上がらずに、岩盤や砂底にぴった

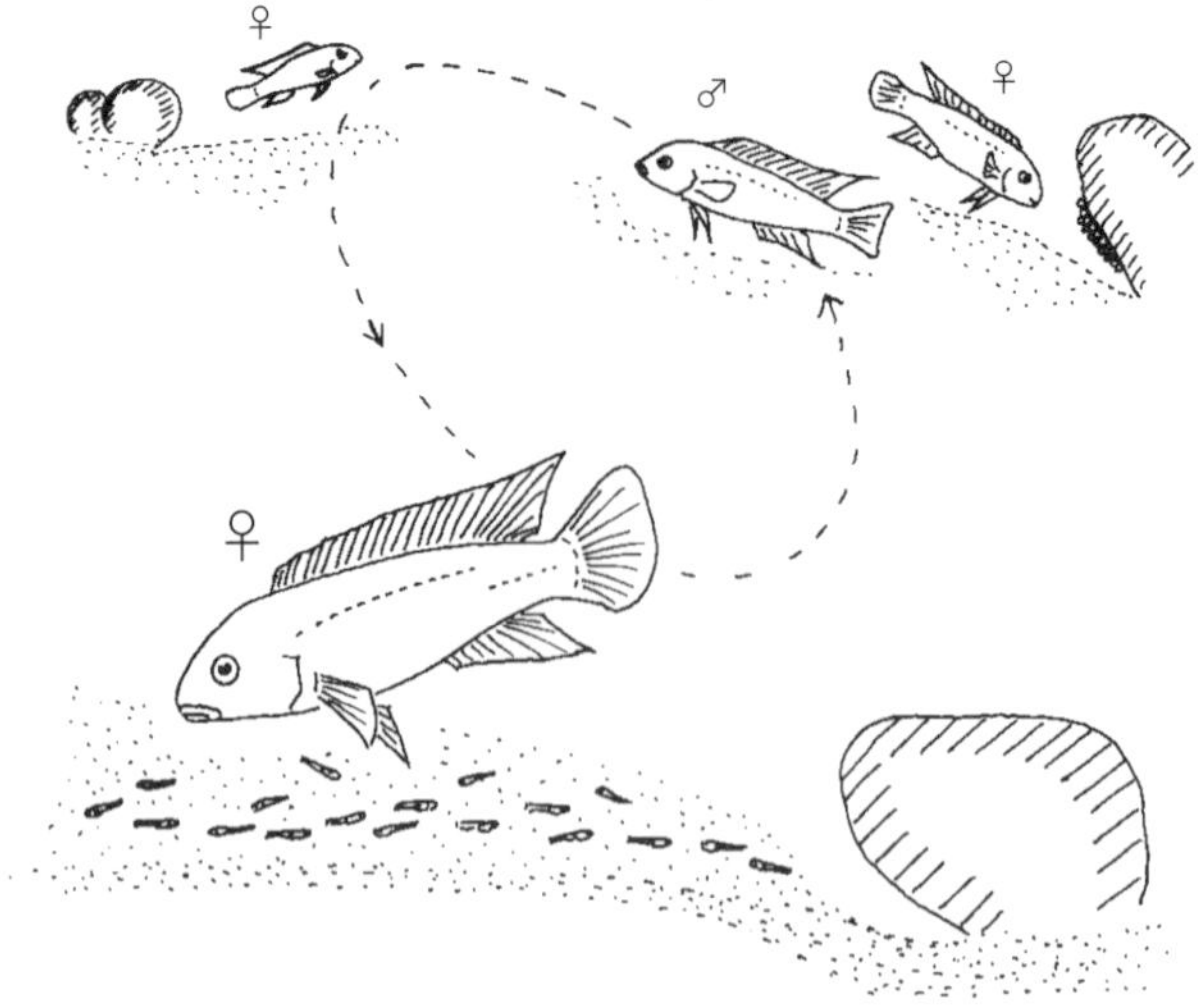

図3-2　ネオラムプロローグス・モデストゥスの子を見張る雌たちと、なわばりをパトロールする雄

写真3-4　ラムプロローグス・キャリプテルスの雄とそれが集めた貝殻。雌は貝殻の中に入り込んで産卵・卵保護する

りへばりつくように分布している。底から浮き上がっている子の群れと比べると、少なくとも人間の目では大変見つけづらい。おそらく、捕食者にとっても見つけにくいのではないだろうか。このような性質をもつ子供だからこそ、片親（雌）だけでも守れるのだと考えられる。中南米の一夫多妻の種（アピストグラムマ類）でも、仔稚魚にこのような性質が認められている。

あるいは、タニシのような巻貝の貝殻に卵を産み付けるラムプロローグス・キャリプテルスなどは、雄が貝殻を口にくわえて集めてきて、そこに雌が産みにくる。雌の大きさは雄の三分の一くらいで、貝殻の中に入り込んで自分の体で入口に蓋をするようにして、卵や仔魚を守る。雌が気に入る貝殻をたくさん集めた雄は、一夫多妻になれるのである。

一方、仔稚魚期に底から浮き上がる性質をもった種でも、ときどき一夫多妻になるものが見つかっている（レピディオラムプロローグス・アテヌアトゥスなど）。これらが、どういう条件のもとで一夫多妻になるのかは、まだよくわかっていない。しかし、次の実験は一つのヒントを与えてくれる。

中南米にすむシクラソーマ・ニグロファスキアトゥムは本来、一夫一妻で両親が協力して子を見張る種である。ところが、実験用の池に雄の二倍の数の雌を入れて飼育してみると、雄が途中で子と雌を見捨てて、別の雌と繁殖したり、一夫二妻になることがあった。つまり、配偶者（雌）が十分に手に入るような状況では、雄は浮気をするのである。

おそらく、これと同じような状況が自然界でも起こっているのだろう。ちなみに一夫一妻であるネオラムプロローグス・トアエでも稀に一夫二妻になることが観察されているが、それは、子育て中のペアから二メートルくらい離れたところで、別の雌が巣造りを始めたときであった。このときから、雄はしばしばもとの雌と子のもとを離れ、新しい雌のほうへ通うようになったのである。

先に述べたように、一夫一妻のカワスズメでも、子育てにおける雄と雌の役割分担が認められた。雌がより子供の近くにいて直接的世話をし、雄がやや離れて守るということも、雄が浮気をしやすい一つの条件となると思われる。というよりも、雄に浮気のチャンスがあるからこそ、雌ほど熱心に直接的な子の世話をしないのだと考えるべきかもしれない。

一方、子育て中の雌は浮気ができない。まだ次の卵を産む準備ができていないからである。この点で、いつでも精子を出せる雄とは立場が異なるのである。

ヘルパー＝子育てのお手伝い

一九八一年にタンガニイカ湖のカワスズメで「ヘルパー」が見つかったという論文が発表され、魚類では初めての発見だと話題になったことがある。ヘルパーとは、子育てを手伝う個体のことである。例えば、一夫一妻で子育てする鳥類で、本来なら巣立ちしてよい若鳥がそのまま巣にとどまり、次に生まれてきた子供(弟妹)に給餌することがある。自分自身で繁殖できる年齢になっても繁殖せず、子育ての手伝いをしているのである。

これは第2章で紹介したミツバチやアリのワーカーとよく似ている。つまり、自分で繁殖しなくても、自分と血のつながった(遺伝子を共有する)個体を助けることにより、自分と同じ性質をもった子孫が残っていくという、血縁選択による進化がここでも考えられる。ただし、鳥のヘルパーの場合には、片親が死んで入れ替わっている場合や、他人の巣に入り込む場合もあって、血縁選択だけでは説明できない。若鳥が独立しても、なわばりをかまえるのに好適な場所が余っていないような、人口過密な状況でヘルパーが生じやすいといわれている。

このようなヘルパーが鳥類(約三%)や哺乳類(約一%)で知られていたが、魚類ではタンガニイカ湖のネオラムプロローグス・ブリカルディで初めて見つかったのである。この魚は全長で八センチほどの小型種で、タンガニイカ湖沿岸の岩場では最も数が多い種の一つで、しばしば雲のように群がって、流れてくるプランクトンを食べている。

底近くに目を移すと、岩のすき間や穴を中心に、半径二五センチくらいのなわばりを同種・他種から防衛している個体がいる。子育て中のペアである。たまに一夫二妻になることもあるが、普通は一夫一妻で見張り型保護を行う。一回に一五〇個ほどの卵を岩穴に産み付け、三日後に孵化が起こる。さらに一週間ほどたつと、仔魚は底から浮いて泳ぎ出す。産卵後四〇日で

写真3-5　ネオラムプロローグス・ブリカルディの両親とヘルパーたち

全長一センチあまりに、一年で五センチほどに成長し、性成熟する。ペアは普通二〜四カ月ごとに、同じなわばり内で産卵を繰り返すという。

一センチを超えた子供たちは、後から産まれた卵の周りの掃除をやり始める。さらに巣から砂や貝（おそらく卵の捕食者）を取り除いたり、たまには卵への水送りも行う。さらに大きくなると、両親以上に頻繁に他の魚（卵や仔稚魚の捕食者）を追い払うなわばり防衛をやるようになる。

一方、親から独立した若魚は群がりに加入する。群がりを構成する個体は全長四センチ以上で、大部分が繁殖可能な大きさである。おそらく、繁殖しようにも好適な岩穴がすでに他の家族によって占められているのだろう。そういう状況であれば、ヘルパーになって血縁者の子育てを手伝ったほうがよいと考えられる。

ところが、その後、ＤＮＡによる血縁判定が行われるようになると、ヘルパーのうち大型のものは、繁殖中のペアとは血縁がない場合が多いことがわかってきた。ペアの入れ替わりや、他の巣で産まれた個体が紛れ込んでくることがあるらしい。さらに、保護されている子供たちとの血縁判定をしてみると、五〜二〇％はヘルパーの子であることが判明した。つまり、自分とは血縁のないペアのところでヘルパーになっても、自分自身の子を残せる可能性があるのである。雄のヘルパーが自分の子を残せているとしたら、配偶システムとしては一妻多夫とみなすことができる。

一妻多夫は魚類（や鳥類や哺乳類）では非常に珍しい現象であるが、これに関連して、最近、同じタンガニイカ湖の別の種で、さらに詳しい研究が行われているので次にそれを紹介しておこう。

一妻多夫とヘルパー

ジュリドクロミス・オルナトゥスも全長九センチほどにしかならない小型種で、岩の裂け目に産卵し、見張り型保護を行う。ペアは二〜四週間隔で産卵し、子は約三カ月で三センチにな

写真3-6　ジュリドクロミス・オルナトゥスのペア（中央：大きいほうが雌）とヘルパー（ペアの下。岩の割れ目の巣に頭を突っ込んでいる）と巣から出てきた1尾の稚魚（右）（安房田智司撮影）

り独立する。一方、全長四～六センチの個体がヘルパーになり、卵と仔稚魚の防衛を手伝うことも観察されている。

繁殖個体の約六割はヘルパーなしの一夫一妻のペアで子育てをしていた。残りの巣には一～六個体のヘルパーがおり、ヘルパーの三分の二は雄であった。また、大型の雌が二～三個の巣をカバーする広いなわばりをもち、それぞれの巣に雄とヘルパーがいる一妻多夫になるケースや、その逆に、大型の雄が二～三個の巣をカバーするなわばりをもち、それぞれの巣に雌とヘルパーがいる一夫多妻になるケースが、それぞれ全体

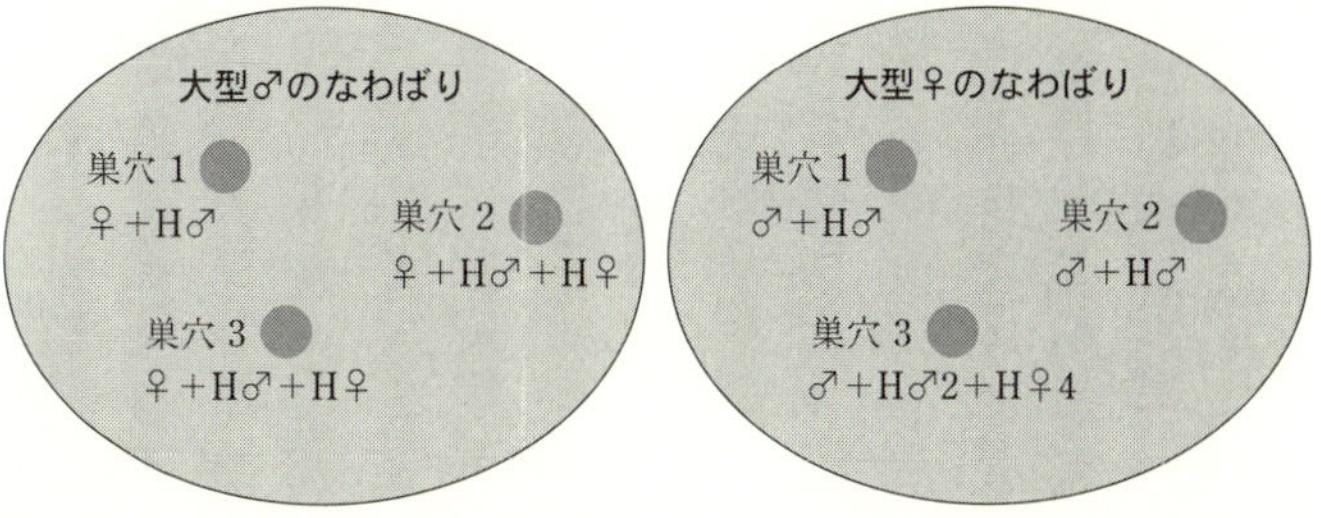

図3-3　ジュリドクロミス・オルナトゥスの一夫多妻グループ（左）と一妻多夫グループ（右）の例。Hはヘルパー

の五％前後で見られた（図3-4）。

体の大きさは、ヘルパー、ヘルパーなしの繁殖ペア、ヘルパー付きの繁殖ペア、複数巣をカバーする大型の雌雄、の順に大きい。巣にいる時間はヘルパーが一番長い。しかし、巣に近づく敵に対する攻撃頻度にはこれらの間で差はなかった。

マイクロサテライトDNAによる血縁判定の結果、ヘルパーの八六％はその巣で繁殖しているペアとは血縁がなく、一四％がどちらか片方とだけ血縁があることがわかった。ペアの両方と血縁があるヘルパーはいなかったのである。

巣で保護されていた子のうち六七％は繁殖ペアの雌雄と血縁があったが、二〇％はいずれか片方だけとしか血縁がなく、一三％はいずれとも血縁がなかったという。血縁がない子ほど体サイズが大きく、また、近くに他の巣があると血縁なしの子の割合が増えることから、成長した子が他の巣に紛れ込むことがあると考えられる。

一方、ヘルパーも子を残していた。雌のヘルパーのうち六割弱は、その巣で保護されていた子供たちのうち約半数の母親であることが判明した。雄のヘルパーも六割以上が、その巣で保護されていた子供たちの一部の父親になっていた。繁殖ペア＋雄のヘルパーという組み合わせでは、四四％がヘルパーの子であり、一妻二夫とみなせる状況であることがわかったのである。この状況では繁殖ペアの雄とヘルパーの雄は強い雄間競争あるいは精子競争にさらされており、実際にそれを反映して、これらの雄たちの精巣は、ヘルパーなしで繁殖しているペアの雄の精巣に比べて大きいことがわかっている。

このように、大型雌が複数の巣をカバーするなわばりをもつ場合だけでなく、一つの巣に繁殖ペアと雄のヘルパーがいる場合でも一妻多夫になっているケースがあることがわかってきた。さらに、大型雄が複数の巣をカバーするなわばりをもつ場合は普通一夫多妻とみなされるが、その巣に雄のヘルパーがいてそれらも子を残している場合は、雌雄とも複婚の繁殖グループということになる。

雌の口内保育と雄のなわばり

カワスズメ科には見張り型保護のほかに、もう一つの保護方法が見られる。卵や仔稚魚を口

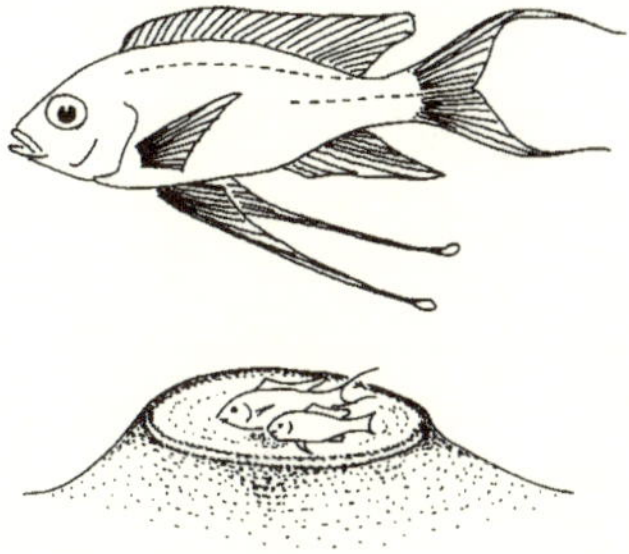

図3-4　キアソファリンクス・フルキフェルの雄と砂を掘ってつくった

の中に入れて守る、口内保育である。カワスズメ科の約三分の二は口内保育魚(マウスブルーダー)で、その大部分はアフリカ大陸、特に大地溝帯に沿う湖に分布している。

口内保育を行うのは、ほとんどの場合(九五%以上)、雌親だけである。一部に両親ともに口内保育する種もいるが、雄だけが担当するのは、アフリカ西部の汽水域にすむサロセロドン・メラノセロン一種に限られる。

まずここでは、雌が口内保育をする一般的なタイプを見てみよう。これらの種では、普通、雄が繁殖のためのなわばりをかまえる。

タンガニイカ湖のキアソファリンクス・フルキフェルでは、全長一五センチあまりの大型の雄がなわばりをもつ。この雄たちの尾鰭の上下縁と腹鰭の下縁は長く糸状にのび、腹鰭の先端は少し広がって黄色である。体全体は紺色で、金属光沢を帯びる美しい魚である。雄は口で砂を掘って、直径三〇〜五〇センチ、深さ五〜二〇センチのクレーター状の「巣」をつくる。わざわざ岩の上まで砂を運び上げて巣をつくる雄もいる。

この巣を中心に、半径二メートル前後の範囲をなわばりとし、他の雄を追い払う。雌が通りかかると、盛んに体をヒラヒラさせて巣へと誘う。雌は雄に比べると小さく、また茶色っぽい地味な体色をしている。

雌が巣に入り込むと、二匹は平行になってぐるぐる回り始める。やがて五ミリ近くもある卵を一つか二つ産み落とすと、雌は巣の中を一周してそれをくわえる。また、二匹はぐるぐる回り出し、何度もこれを繰り返す。

やがて卵をくわえた雌は巣を出ていく。雄は必ず引き止めようとして後をつけ、体を震わすが、なわばりから出てしまうと、あきらめて別の雌がくるのを待つ。こうして、何匹もの雌を誘い込んでは産卵させる。一方、雌は、一回に五〇個前後の卵を成熟させるが、それを一つの巣で全部産んでしまうわけではなく、何匹かの雄のなわばりを訪れて、産み分けるのが普通である。すでに口がふくらんだ雌がやってきて、産卵していくことがよく見られる。つまり、雄から見ると一夫多妻、と同時に雌から見ても複婚になるのである。

キアソファリンクスのように砂を掘ったり、積み上げたりして産卵用の巣をつくる種類に対して、特別な巣をつくらない種類もある。例えば、プセウドシモクロミス・カルビフロンスやロボキロテス・ラビアトゥスなどは、岩の斜面を産卵場所として利用する。そこに手を加える

写真3-7　ロボキロテス・ラビアトゥスの求愛行動。左が雄、右が雌

ことはまったくしない。あるいは、平たい岩の上に、申し訳程度に砂を乗せているような種類もある。いずれにせよ、その一つの岩を中心になわばりをかまえ、雌がやってくるのを待ちかまえる点では、先の種と同じである。そして、なわばり雄は雌より大きく派手であることも共通している。

ロボキロテスなど、巣をつくらない種類の産卵行動は、キアソファリンクスとは少し違う。まず、雄は雌を産卵場所まで連れてくると、そこで頭を上にして体をこきざみに震わせる。雌にその気があると、雌はその雄の生殖口あたりに口先を近づける（写真3-7）。次に、くるっと体位置が入れ替わる。雌が頭を上にして体

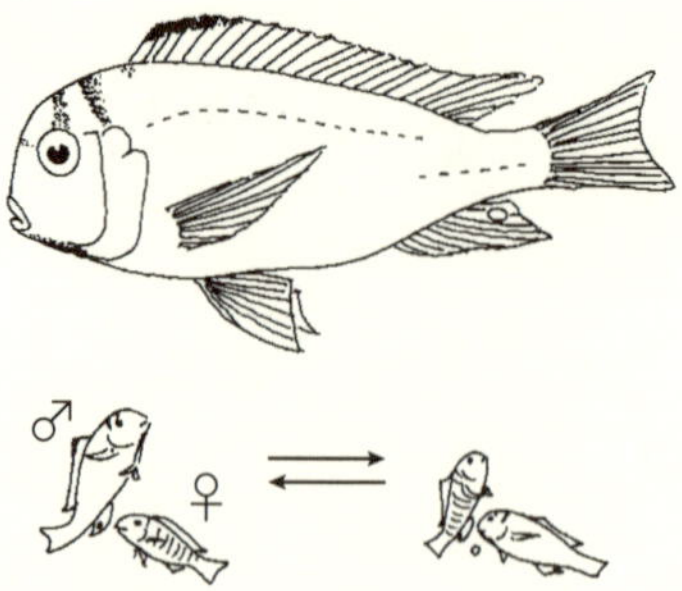

図3-5　プセウドシモクロミス・カルビフロンスの雄と求愛行動

を震わせ、雄が雌の生殖口に吻を近づける。これを頻繁に何度も繰り返すので、雄と雌が上下方向にぐるぐる回っているようにも見える（図3-5）。キアソファリンクスの場合は、これを水平方向にしたものだと考えればよい。

　さて、これらの雄にはもう一つ特徴がある。それは尻鰭の模様である。たいていの種の雄の尻鰭には丸い紋が一つないし数個ついている（図3-5、写真3-7）。それはちょうどその種の卵の色（薄い黄色、濃い黄色、オレンジ色、ピンク色などさまざま）とそっくりである。キアソファリンクスなどでは尻鰭にはこのような模様はないが、そのかわり、長くのびた腹鰭の先が小さな団扇《うちわ》状に広がり、そこが卵模様になっている（図3-4）。

　先のカルビフロンスでは、雌が頭を上にして体を震わせているときに、卵を一つ産み落とす。雄の口は、その雌の生殖口のすぐ近くにあるのだが、決して卵をくわえようとはしない。卵は岩の表面をころがる。すると雌はすぐに体を一回転して、卵を口に拾う。一方、雄はまた頭を上にして体を震わす。卵をくわえた雌は雄の生殖口あたりに口を近づける。この際、雄の尻鰭の卵模様が、「まだくわえ残しの卵がある」という信号を雌に送り、雌がそこに口を近づけるよう、うながすというのだ。このとき雄が精子を出せば、それは雌の口に吸い込まれ、卵は確実に受精する。見事な種内擬態である。種間の擬態の場合はだまされる側は損をするが、この場合、だまされた雌も得をしている。

口内保育魚が産む卵の数は、見張り型の魚に比べて少なく、タンガニイカ湖では普通一〇〇以下。一〇以下という種さえある。逆に卵の大きさは、見張り型の多くが長径二ミリ以下なのに対して、口内保育魚では三ミリ以上、七ミリを超えるものもある。一般に大きな卵を産む種ほど卵数は少ない。つまり、大卵＝少産、小卵＝多産という傾向がある。また、卵の大きさが同じなら、雌親の体長が大きい種（個体）ほど多産である。

口内保育の期間は二～八週間で、一般に見張り型に比べると短い。しかし、ある時点から稚魚をはき出して外で摂食させ、それを見張るようになる種もいる。敵が近づくと、稚魚を再び口に入れて守り、危険が去るとまたはき出すということを繰り返す（写真3-8）。

口の中の子は、卵黄を栄養として発育していく。口内保育中の親は、特に初めのうちはまったく餌をとらない。一カ月くらい絶食状態のこともある。しかし、子を口にくわえたままで岩の表面に生えた糸状藻類をついばむ種類もある。摂食頻度はふだんと比べると低いけれども、ある程度は栄養補給ができるのであろう。いくつかの種では、この藻類が口の中の子の餌にもなっていることが示唆されている。つまり、口の中に入れたままで、子に給餌しているというのだ。

口内保育中の子の死亡率がどのくらいかは、正確にはわかっていない。それは、見張り型のように毎日、子の数を数えることが難しいからである。口内保育中の個体を採集して、子の数を数えてみると、子が大きくなるほど数が減る(三週間で約七〇%に減少)傾向のある種と、ほとんど減らない種がある。おそらく、見張り型の保護よりは、口内保育のほうが子の生存率はずっと高いと思われる。つまり、より確実に敵から守る方法だといえよう。

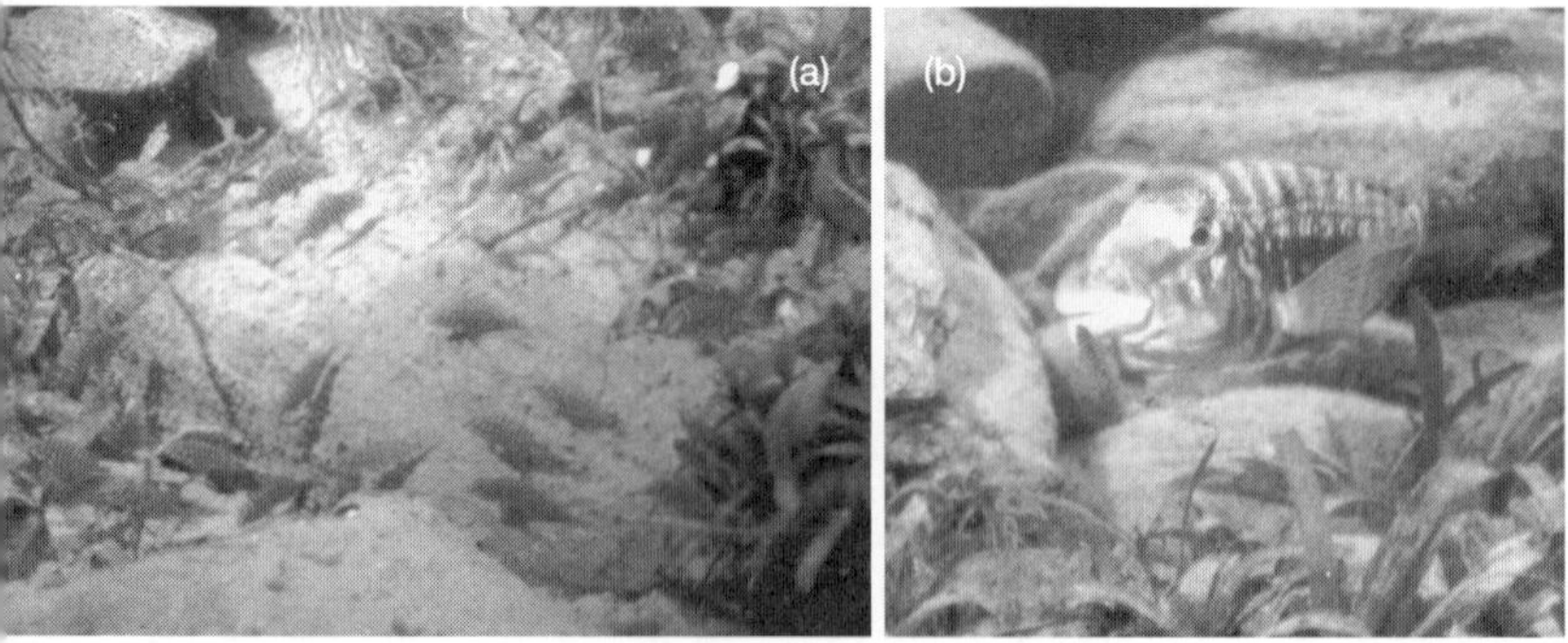

写真3-8 (a) ロボキロテス・ラビアトゥスの一時的に吐き出されて摂餌する稚魚の群れ。(b) 母親の口に戻ろうとしている稚魚

口内保育と一夫一妻

口内保育を行うカワスズメの多くは、先に述べたように、雄がなわばりをかまえ、雌がそこを訪れては産卵し、卵をくわえて去るタイプである。これを「なわばり訪問型複婚」と呼ぶことにしよう。そこでは雄は子育てに一切関与しない。

一方、一夫一妻で口内保育する種も知られている。タンガニコドゥス・イルサカエはタンガニイカ湖の口内保育魚の中では最も小型（全長六センチ足らず）で、ハゼ型シクリッドとも呼ばれている。ハゼ型というとおり、転石帯などで底から離れることなく、チョコマカと動き回っている。産卵は石の斜面で行い、その行動パターンは先に述べたカルビフロンスとよく似ている。合計一〇～二〇個の卵をまず雌がくわえる。

ところが、約二週間後、仔魚が八ミリ前後になると、雌に代わって雄が口内保育するのである。バトンタッチの現場は、残念ながらまだ見たことがない。しかし、口内保育中の標本を集めてみると、確かにこういう傾向が認められる。雄の口内保育期間は一週間から一〇日程度と推定され、一〇ミリあまりに育った稚魚をはき出す。そして、以後はまったく面倒をみない。独立した稚魚は石の下などに隠れており、めったに見つけることができない。また、口内保育中の親はほとんど摂食せず、口の中の子は何も食べていなかった。つまり、独立するまで卵黄のみに依存している。

この雄と雌は、常に一緒に行動するわけではない。口内保育していない雄と雌は、ときどきペアで連れ添って、石の表面に付着する微小藻類や水生昆虫などをとることもある。しかし、大部分の時間は、おのおの単独で摂餌する。それでも、雄と雌の行動圏はかなり重複しており、ペアで同じ場所にすんでいるとみなすことができる。ただし、密度の高いところでは、隣り合ったペア同士の行動圏も一部重複しており、ペア間のなわばりの境界は必ずしも明瞭ではなかった。

このタンガニコドゥスでは雄も子育てに参加するとはいえ、同時に両親が必要なわけではない。ある時間断面では雄か雌か、どちらかしか子育てしていないのである。両親で子育てするといっても、片親だけのときより子の防衛効率（ひいては生存率）が上がるとは思えない。見張り型のカワスズメが一夫一妻なのは、子の保護に同時に二親が必要だからという説明をしたが、それはこの口内保育魚には当てはまらない。

ではなぜタンガニコドゥスは一夫一妻なのか。なぜ雄は、卵をくわえた雌を見捨てて、あるいは追い出して、次の雌と繁殖しようとしないのか。高密度域では雄が過剰であり、雌は余っていない。なぜそうなのかは不明だが、この繁殖場所での性比が、雄にとって一夫一妻にしかなりえないことの一つの要因だろう。なお、タンガニコドゥスの雄は雌より少し大きいが、体色の性差はない。この点でも、なわばり訪問型の種とは異なる。目立つ体色で多くの雌を引き付けるという方向には進化していないのである。

クセノティラピア・フラビピニスも一夫一妻である。砂地にペアでなわばりをかまえ、まず雌が口内保育し、次いで雄に交代する。ここまではタンガニコドゥスと同じである。しかし、フラビピニスでは、仔魚をはき出したあと、さらに両親で見張りを続ける。この見張りは雄のほうが熱心にやり、その結果、雌は摂食時間を増やし、早く次の卵を準備することができる。同じペアで繰り返し繁殖するなら、雄はできるだけ子

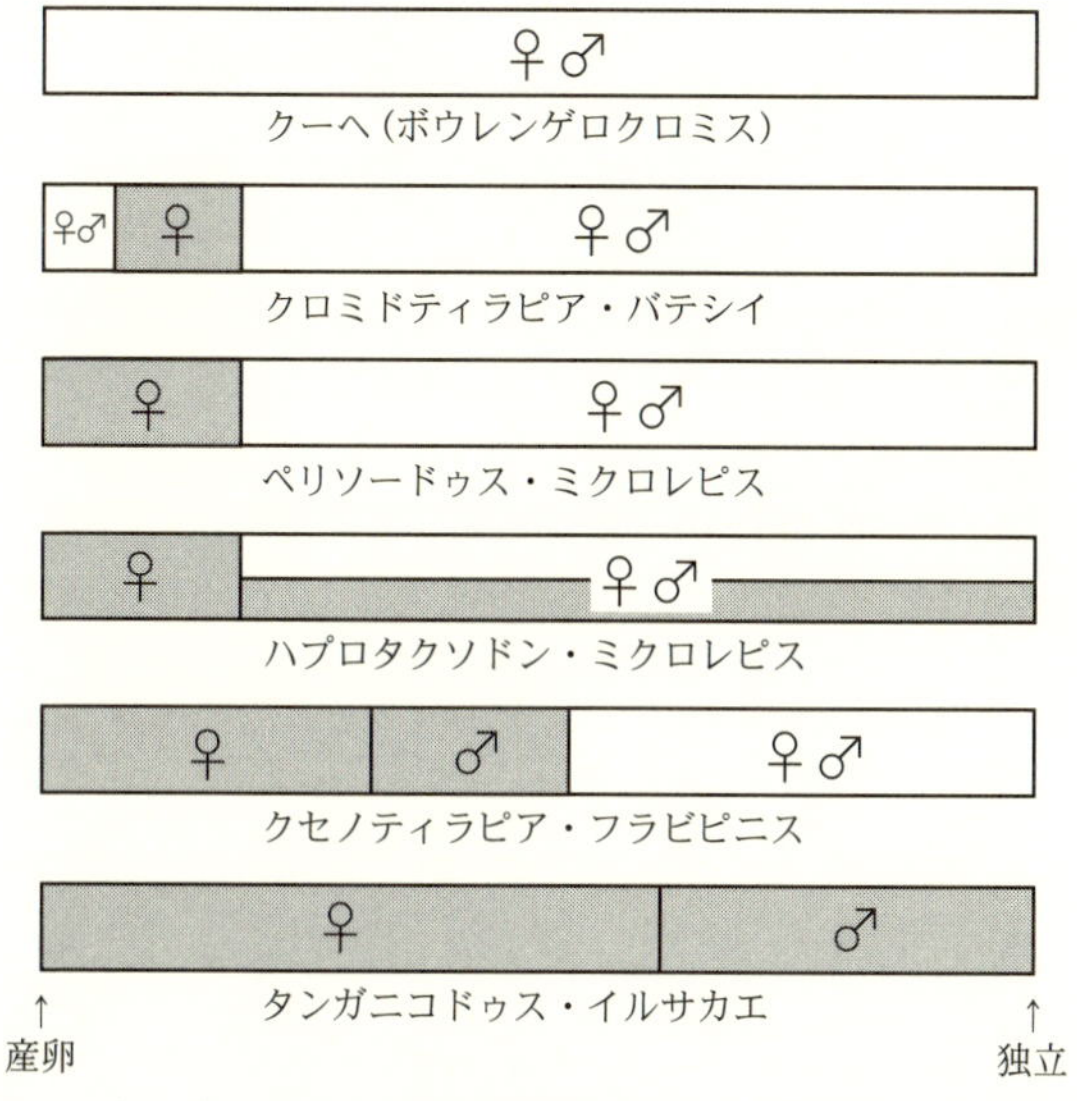

図3-6　一夫一妻のカワスズメ類各種における保育方法 (アミ部は口内保育，白地は見張り保護) と保護担当者の性

写真3-9　ハプロタクソドン・ミクロレピスの親の口内に戻ろうと後を追う稚魚

育てに協力し、雌の負担を軽くしたほうがよい。それがペア当たり、つまり雌にとっても雄にとっても、多くの子孫を残すことにつながるからである。

他の魚の鱗《うろこ》を専門に食べるという変わった食性をもつ、ペリソードゥス・ミクロレピスも一夫一妻である。この魚でもまず雌が口内保育する。しかし雄はそれをせず、雌がはき出した子を以後両親で見張って守る。

ハプロタクソドン・ミクロレピスでも、やはり雌がまず卵を口にくわえ、仔魚が九ミリを超えると初めてはき出す。以後二カ月近く、見張りをしたり、口内保育したりを続ける。雄も雌も両方の保護を行うが、一部の子を雌が見張り、残りを雄が口内保育するというように、雄のほうが口内保育している時間が長い。しかしこれは雌の摂食時間を増やすことにはほとんど役立っていないようで、卵巣は保護期間中には回復しない。

これら三種は、口内保育と見張り型保護の両方を行うので、両者の中間的なタイプとみなすこともできる。

また、これらとは逆に、まず卵を基質に産み付けて見張り、孵化するころから口にくわえるカワスズメもいる（西アフリカの河川にすむクロミドティラピア・バテシイや、中南米にすむアエクイデンス・パラグァイエンシスなど）。これらも、一〜二週間の口内保育（主に雌による）のあとはまた、はき出した稚魚を両親で見張って守るのである。つまり、見張→口内保育→見張と保護方法を変えていく（図3-6）。

これら中間型（混合型）の保護を行う種が一夫一妻なのは、見張り保護のときに両親の存在が必要なためだと考えられる。

口内保育の起源

カワスズメ科の口内保育は見張り型保護から進化したといわれる。見張り型の種の仔魚に見られる頭部の粘液腺が、口内保育魚にも痕跡的に残っていることが一つの証拠である。また、先に述べた中間型の存在も、口内保育の進化過程を考える材料を与えてくれる。

見張り型保護の場合でも、孵化したばかりの仔魚を口にくわえて運ぶ行動が見られた。そのままくわえている時間を延長したのが、中間型のうち後から述べたタイプ（見張→口内保育→見張り型）だと考えればよい。そして口内保育の開始をより早めて産卵直後からにし、一方でより遅くまで続ける方向へと進んだのが、典型的な口内保育魚であろう。

口内保育の発達にはもちろんさまざまな環境要因が関与しているに違いない。一つは、巣（産卵場所）周辺の環境の急激な変化が考えられる。見張り保護中に、水位が低下して巣が露出しそうになったり、酸欠になったり、捕食者が増えたりすると、子を別の、よりよい環境へと運んだほうがよいだろう。また、そのような環境変化がしばしば起こるのなら、ずっとくわえていたほうがよいことになろう。

一方、安定した環境であっても、子にとっての餌が不足している所では、口内保育のほうが有利である。先に述べたように、口内保育魚の卵は見張り型に比べ大きい。つまり、大きな卵黄を含んでおり、仔魚がその栄養だけで発育・成長していける期間も長い。

例えば、最初にあげた見張り型のクーへでは、二ミリの卵から孵化した仔魚は、産卵の八日後、わずか八ミリあまりでまだ鰭も十分発達しないうちに、卵黄を吸収してしまい自ら食い始めなければならない。これに対して、三・五ミリの卵から生まれたタンガニコドゥスの子は、口の中で二〇日間も卵黄の栄養だけで発育し、一二ミリほどになって、各鰭も発達した状態で食い始める。中間型のハプロタクソドンでは、卵の大きさ（二・四ミリ）も、食い始めの時期と発育段階（一一日後、九ミリあまり）も、先の二種の中間である。

長期間、口内保育しようとすれば、より大きな卵を産まなければならない。雌の産みうる卵の総量は、その体の大きさによって規定されるので、一つ一つの卵を大きくすれば当然、数は少なくなる。そのかわり、生存率が高くなるのである。

一方、小さな仔魚の餌が十分ある環境では、口内保育は必ずしも有利ではない。小さな卵を産んで、早く食い始めてもよい。ここでの問題は子への捕食圧と防衛効率である。もし見張り型保護では口内保育の一〇倍捕食されるとしても、一〇倍以上の数の卵を産めるのなら、見張り型保護のほうがよいのである。

タンガニイカ湖沿岸の岩場や砂地には、口内保育魚も見張り型のカワスズメもともに生息している。現在の彼らの生息環境では、どちらの方法でもうまくやっていけるのである。だとすれば、両者の違いはむしろ系統的なもの、つまり、タンガニイカ湖に侵入する前に祖先がもっていた性質を基本的に引き継いだものとして考えざるをえない。同じ大地溝帯に並ぶビクトリア湖やマラウイ湖では、ほとんどすべてが口内保育を行う。このタンガニイカ湖との違いは、おのおのの湖の現在の環境の違いだけでなく、それぞれにおける祖先種の侵入の歴史から考える必要がある。

口の中は安全か──ナマズの托卵

カワスズメの子供は口の中にいる限り、安全であるかのように書いてきた。しかし、必ずしもそうではない。マラウイ湖には口内保育中の親に頭突きをくらわして、驚いてはき出された卵を食べるカワスズメがいる。タンガニイカ湖からはこのような卵食いの専門家は見つかっていないが、別のタイプの敵がいる。托卵するナマズである。

このナマズはシノドンティス・ムルティプンクタートゥスという名の、全長一〇センチほどになる小型種である。タンガニイカ湖北西岸の転石帯では、口内保育中のシモクロミス・ディアグラムマなど計六種のカワスズメの口の中から、平均六％の割合でナマズの子が見つかっている。一方、この転石帯の石をひっくり返していくら探しても、ナマズの卵は見つからない。ナマズにとっては偶然ではなく、必ず托卵しているのである。

ではどうやって托卵するのか。ナマズの卵は必ずカワスズメ自身の卵とともにくわえられていた。カワスズメのペアの産卵中に、ナマズが飛び込んできて産卵し、その卵をカワスズメの雌が自分の卵と間違えてくわえてしまうのである。

さて、水槽でナマズの卵とカワスズメの卵を一緒に飼ってみると、ナマズの卵は三ミリ弱とカワスズメより小さく、先に孵化する。そしてカワスズメの卵が孵化する頃には、卵黄を吸収

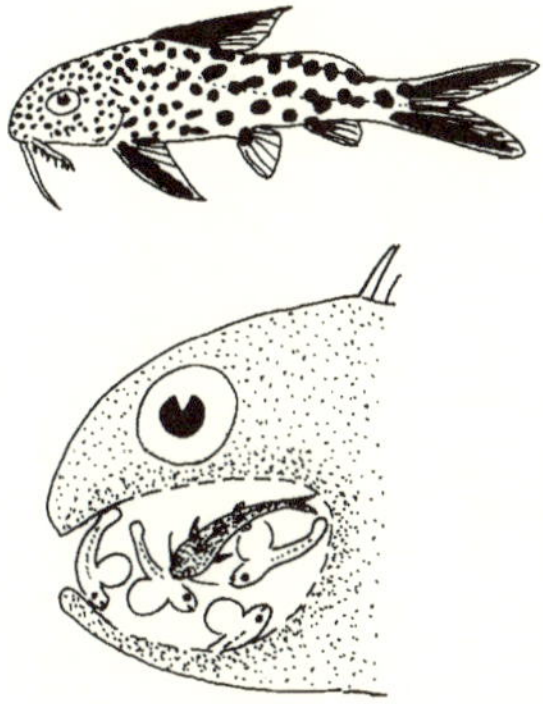

図3-7　カッコウナマズとカワスズメに口内保育されている子

し終え、餌をとり始める。餌といっても口の中だから、カワスズメの子しかいない。そう、ナマズの子はカワスズメの卵や孵化した仔魚を食べて大きくなるのである。

　ナマズの寄生を受けた場合と受けない場合のカワスズメの口内の子の数を比べると、明らかに前者のほうが少なかった。また、一匹のカワスズメの口内に入っていたナマズの数は最大で八匹（平均三匹）である。おそらく、一匹のカワスズメの口内の子の数（＝ナマズにとっての餌の総量）が限られているので、ナマズは多数の子を一匹のカワスズメに寄生させることをさけているのだろう。ナマズの一回の総産卵数（一腹卵数）は正確にはわかっていないが、おそらく、何匹かのカワスズメに分けて托卵していると思われる。

　このようにシノドンティスは、カワスズメの口の中という安全な場所を利用している。ちょうど鳥のカッコウの托卵に似ているので、カッコウナマズとも呼ばれている。カッコウは他の鳥の巣に卵を産み、早めに孵化すると里親の卵を巣から落とし、里親の運んでくる餌をひとり占めして大きくなる。ともに子育てを完全に他種にまかせてしまうという点と、里親にとっては自分自身の子を最終的に失ってしまうという点で共通している。

カッコウの托卵に対して、卵を産み込まれた鳥のほうは、自分の卵とカッコウの卵をきびしく選別する目をもたなければならない。逆にカッコウのほうは、里親の目をだますべく、そっくりの色と大きさをもつ卵を産んだほうがよいだろう。実際、カッコウの卵とその里親の卵はよく似ている。卵の擬態が進化しているのだ。

ところが、カッコウナマズの卵はうす黄色で、必ずしもどのカワスズメの卵ともそっくりというわけではない。また大きさもかなり小さめである。むしろ先に述べた、カワスズメ各種の雄の尻鰭にある卵模様のほうがよくできている。カワスズメはどうしてこんなナマズの卵にだまされてしまうのだろう。寄生率が低いので、カワスズメの側の卵識別能力がなかなか発達しないのか、また托卵が始まってから歴史的にまだ日が浅いのか、さらに詳しい調査が待たれる。

スズメダイの子育てと社会

いつまで子育てすべきか

スズメダイ科は熱帯のサンゴ礁から温帯の沿岸にかけて分布する小型の海産魚で、カワスズメ科と近縁だとみなされている。最大でも三〇センチ止まりで、全世界で三〇〇種以上、日本近海でも、沖縄・小笠原をはじめ南日本沿岸から、九〇種あまりが記録されている。

スズメダイ科の繁殖の特徴は、卵の見張り保護をすることである。しかも必ず、雄が担当する。そして、孵化とともに保護は終了する。孵化仔魚は水面に向かって上昇し、以後二〜四週間、浮遊生活を送る。海流に乗って、小さなプランクトンを食べながら成長していく。先にも述べたように、海の魚の子育ては、卵のときだけというのが普通である。

このスズメダイ科の中でただ一種、例外がある。フィリピンからオーストラリア東岸にかけ

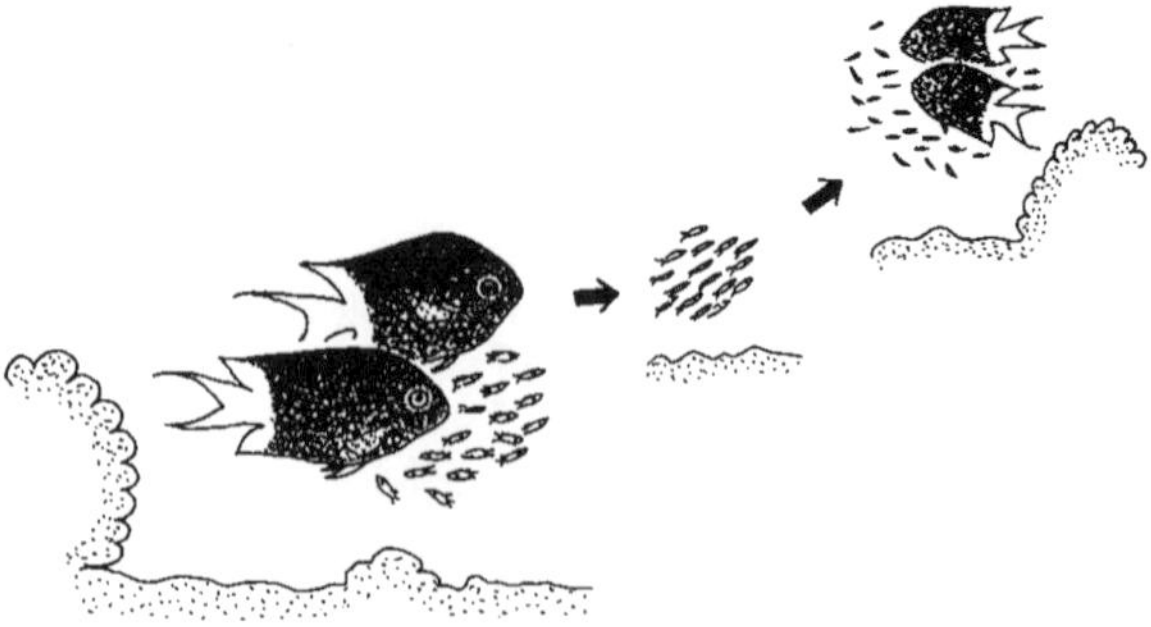

図4-1 アカンソクロミスの両親による見張り保護と子の追出し

てのサンゴ礁にすむアカンソクロミス・ポリアカントゥスは、浮遊期をもたず、仔稚魚も両親が見張って守る。前章で紹介したカワスズメ科の見張り保護とよく似ている。

アカンソクロミスは一〇センチほどになる小魚で、流れてくるプランクトンを食べる。ペアはなわばりをもち、岩穴に約一〇〇個の卵を産み付ける。卵は細長く、長径四・五ミリもあり、他のスズメダイの卵(〇・五〜一・三ミリ)と比べるとずいぶん大きい。産んだあと雌もなわばりにとどまるが、卵の直接の保護をするのは雄である。これはカワスズメ科とは逆だが、スズメダイ科のグループとしての特徴である。

孵化直後の仔魚は五ミリほどの大きさで、底から少し浮いて群れ、プランクトンを食べ始め、最大二・五センチになるまで、両親に守られる。親から独立すると、近くの幼魚同士が集まり、大きな群れをつくる。

一方、ペアはそのままなわばりにとどまり、また次の繁殖にとりかかる。相手が死亡しない限り継続する一夫一妻である。

見張り型のカワスズメと同様、一夫一妻であるのは、子の防衛に両親が必要なためだと考えられる。雄も雌も近づいてくるさまざまな捕食者を追い払う。ところが、子を保護しているはずの親が、自分の子を攻撃することがしばしばある。なぜ、追い出そうとするのだろうか。

オーストラリアのグレート・バリア・リーフ南端にあるワン・ツリー島のサンゴ礁では、夏の初めの一〇月から二月にかけて繁殖個体が急増する。他の時期にも少しは繁殖しているが、便宜上この期間を繁殖期と呼ぶことにすると、親から子への攻撃は繁殖期の初期に集中している。

繁殖ペアの継続観察によると、子供たちは最長で孵化後四八日まで親もとに残っていたが、平均では二五日で消失していた。その理由の一つは捕食者によるものだが、もう一つは、親に追い出されたケースである。親から子への攻撃は孵化後一〇日前後に集中して見られ、子の消失もこの時期に一つのピークが認められた。また、繁殖期の初めほど攻撃が多く、約三〇%のペアで子が消失した。

一方、ちょうどこの繁殖期の前半には、急に子の数が二〇匹以上も増えたペアが一割以上あった。親に追い出された子の群れは、しばしば捕食者に襲われるが、親はそれを助けようとはしない。しかし、うまく捕食をのがれて移動し、近くの別のペアの子の群れに紛れ込んでしまうこともあるのだ。他人の子が近づいてくると、親は激しく追い払う。しかし、追い払いに失敗して、いったん自分の子と混じってしまうと、もはや区別ができず、この「混群」を保護する行動をとるようになる。

一〇月から二月の繁殖期間中に二回目の繁殖を行ったのは、わずか一六%のペアにすぎなかった。そして、最初の子を早く追い出したペアほど、二回目を行う率が高かった。一回目の子を最後まで育て上げようとすると、二回目の繁殖の可能性がなくなってしまうのである。一回目と二回目の平均産卵数を比べると差はない。そうすると、一回目の子を途中で追い出したとしても、その一部が他の親に守られて生き残る可能性があるのなら、一回だけ繁殖するよりは、多くの子孫を残すことができるだろう。

このように限られた繁殖期間中により多くの子孫を残す工夫として、親から子への攻撃は理解できる。子の立場としてはできるだけ長く親に保護してもらうほうがありがたいのだが、保護期間をめぐって親子の対立が生じるのである。

雄のなわばりと卵の見張り型保護

次に普通の、つまり卵保護だけをするスズメダイ類について見ていこう。本州南部から九州

写真4-1　ミツボシクロスズメダイの産卵。左が雄，右が雌

沿岸に見られるスズメダイやソラスズメダイは、ふだんは群がって、プランクトンを食べている。繁殖期（夏）がくると、雄は群れを離れて、岩穴を掃除したり、石の下の砂を掘って巣をつくり、この巣を中心としたなわばりを守る。

この雄たちはしばしば巣から上昇して、シグナル・ジャンプと呼ばれる、体を振わせて上がったり下がったりの独特の泳ぎ方をする。これは雌を呼び寄せる求愛のダンスである。雌が近づくと巣に導き入れる。雌は粘着性のある卵を岩肌に産み付けていき、あとを追うように雄は精子をかける。

産卵を終えた雌は巣から出ていく。一方、雄は卵を守ると同時に、別の雌がやってくるとまた求愛して呼び入れ、産卵させる。こうして、複数の雌が産み付けた卵を同時に守るのである。

一方、雌の場合も、一繁殖期間に何度か産卵するが、それは必ずしも同じ雄の巣であるとは限らない。ある一日に限っても、何匹かの雄の巣に産み分ける例も知られている。つまり、なわばり訪問型のカワスズメ（口内保育魚）と同じく、雄から見ても雌から見ても複婚になっている。

岩の表面に生える小さな藻類を食べるスズメダイ類には、周年にわたってなわばりをもつ種類が多い。セダカスズメダイやクロソラスズメダイなど、雄も雌もそれぞれ単独で、直径一～三メートルの範囲をなわばりとする。これは餌（藻）を守るためのなわばりで、同種のみならず、同じ藻食の魚なら他種でも激しく追い払う。藻はどんどん成長するので、こんな狭い範囲でも、自分一人食っていく分は十分に確保できるのである。

さて、雄と雌がそれぞれ別のなわばりをもっていると、産卵のときはどうするのだろうか。ここでも、雌が自分のなわばりから出ていき、雄のなわばりを訪れるのだ。そして産卵がすむと大急ぎで戻ってくる。

これら藻食なわばりをもつスズメダイの産卵は、必ず早朝に行われる。他のスズメダイ類は必ずしもそうでもなく、日中のいろいろな時刻に産む種類がいる。なぜ早朝に限るのか。それ

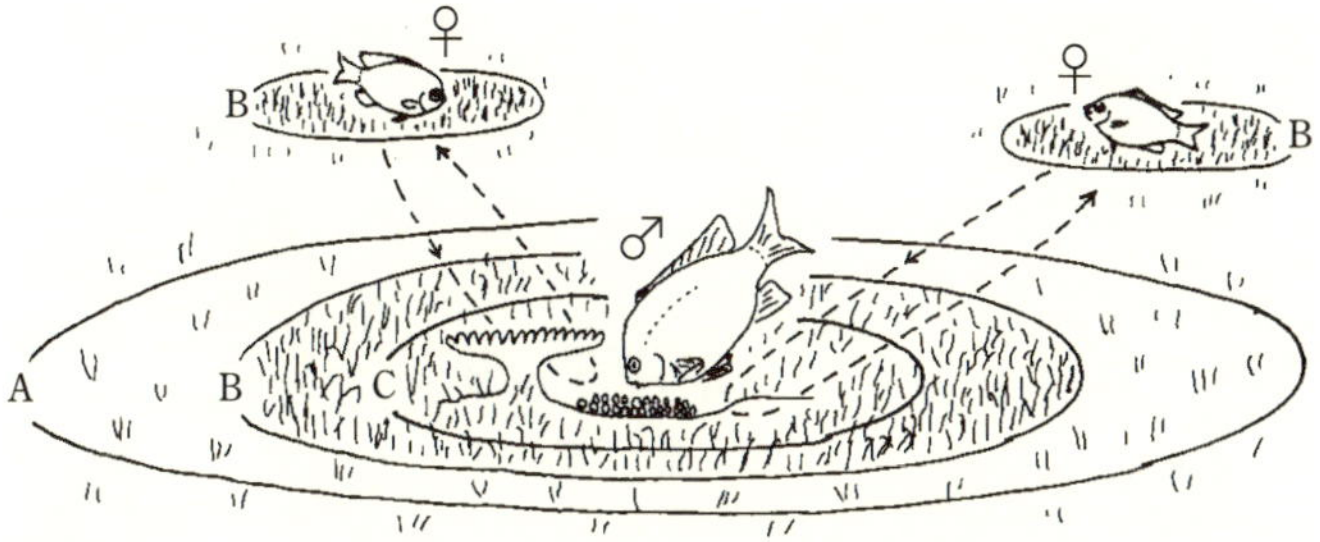

図4-2　セダカスズメダイの三重なわばり。A. 同種の雄に対して防衛する範囲，B. 藻食性魚類に対して防衛する範囲，C. 卵捕食者に対して防衛する範囲

は、朝早くまだ他の藻食性魚類の活動が活発にならないうちに産卵をすませたほうが、なわばりを留守にしている間の被害が少ないからだと考えられる。

これらの藻食性のスズメダイでも、卵保護は雄が行う。セダカスズメダイの雄は三つのなわばりを、おのおの異なる相手に対して防衛するという（図4-2）。つまり、巣の周りで卵の捕食者を追い払う卵保護なわばり。次にそれを含む、ふだんからもっている採食なわばり。さらに外側で同種の雄だけを追い払うなわばり。最後のものは、やってくる雌に求愛するための、雄同士の場所のとり合いだと考えられる。

ところで、セダカスズメダイのように採食なわばりを守る場合、どうして初めから雄と雌がペアで共同して守らないのだろうか。そうすれば産卵のためになわばりを留守にして、藻を荒らされる心配もしなくてすむのに。スズメダイのある種と、同じ藻類食のニザダ

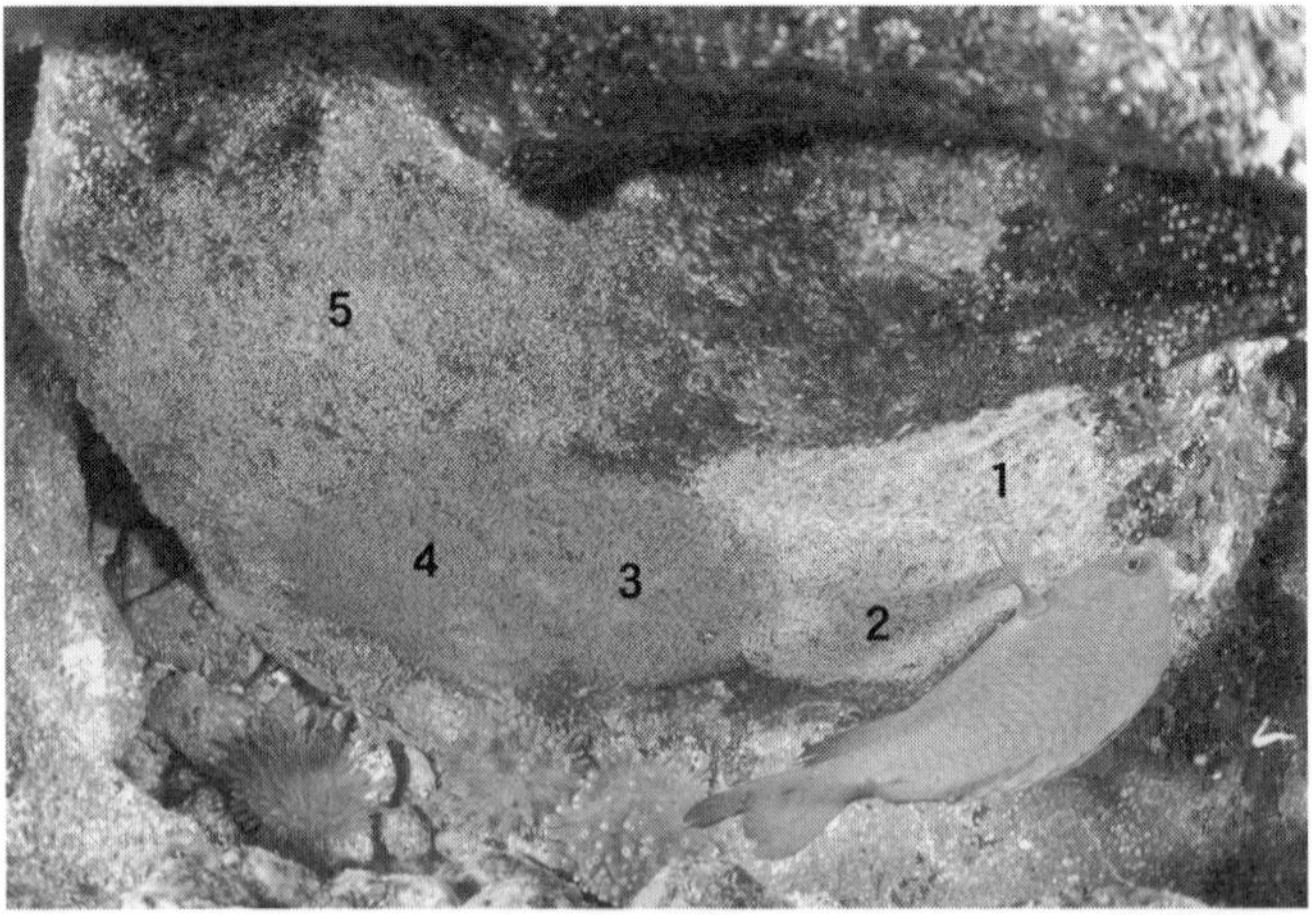

写真4-2 セダカスズメダイの卵を守る雄。岩盤にパッチ状の卵塊が5つあり，右から左へいくほど発生段階が進んでいる（産卵日が早い）（石田根吉撮影）

イ科の仲間がなわばりを共同防衛する例も知られている。異なる種同士でも共同するなら、どうして同じ種の雄と雌が共同防衛しないのか。

それは雄の都合による。雄にすれば、一匹の雌と共同のなわばりをもてば、当然他の雌をそのなわばりに入れることはできず（なわばり主の雌に追われる）、一匹の雌の卵にしか受精できない。一方、単独でなわばりをもつ場合には、うまくすれば何匹もの雌がやってきて産卵してくれるのである。しかし、雌の立場に立つと、雄がなわばり防衛を助けてくれれば、自分はたくさん食べて、より頻繁に多くの卵を産めるはずだ。ここでも雄と雌の利害は対立している。

サンゴの大きさで決まる社会

サンゴ礁にすむスズメダイの中には、特定のサンゴを隠れ家として強く依存しているものがいる。例えばミスジリュウキュウスズメダイは、枝状のミドリイシやショウガサンゴの周りで流れてくるプランクトンを食べているが、危険がせまるといっせいにサンゴの枝の間に隠れ込む。また、卵はサンゴの枝根本付近の枝に産み付けられ、他のスズメダイと同様、雄が保護する。

このようにサンゴに強く依存するミスジリュウキュウスズメダイなどでは、サンゴの大きさにより、そこでの収容

写真4-3　ショウガサンゴにすむミスジリュウキュウスズメダイ

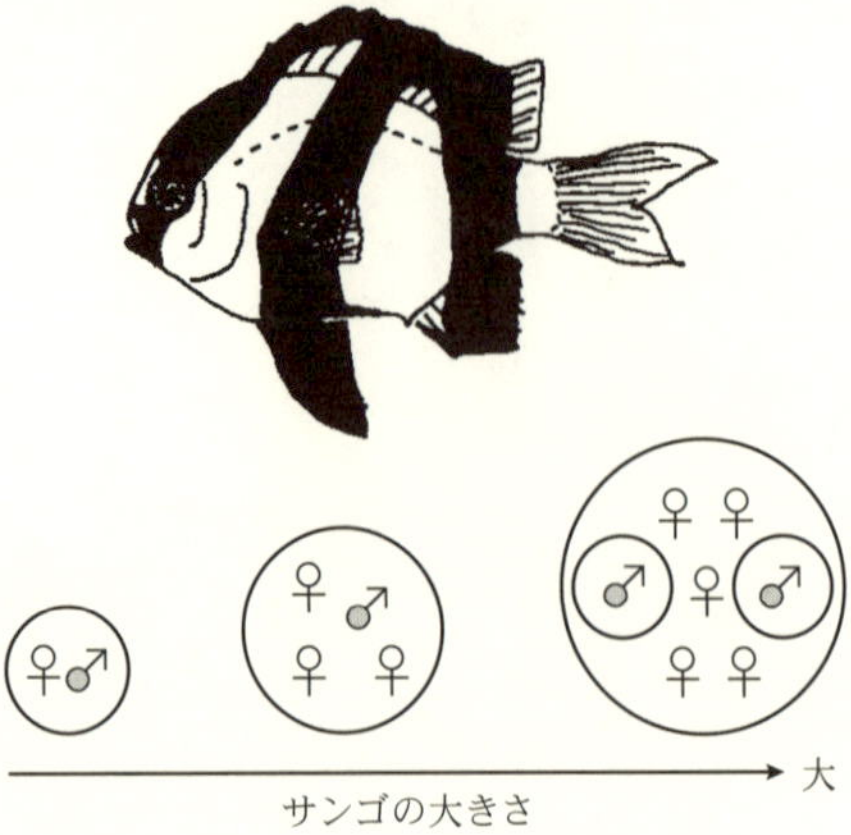

図4-3 ミスジリュウキュウスズメダイの配偶システムとサンゴの大きさ

個体数が決まってくる。大きいサンゴほど多くの個体がすめる。そして、それに応じて、配偶システムまで変わってくる。

二匹しかすめないような小さなサンゴでは、一夫一妻で繁殖する。中くらいのサンゴには三匹以上がすんでおり、雄が一匹で他は雌の一夫多妻になる。この雌たちは皆同じ雄の巣に卵を産む。さらに大きなサンゴになると、最高二五匹もがすみ、複数の雄を含む。雄たちはそれぞれサンゴの中の特定の場所に産卵床をつくり、そこを中心とする小さななわばりを防衛する。雌たちは、この雄のなわばりのいずれかを訪れて産卵する。つまり、なわばり訪問型の配偶システムが一つのサンゴの中で見られるのである。

ただし、サンゴの密度が高いところでは、雌はサンゴ間を移動して産卵しにいくので、この種でも基本はなわばり訪問型複婚であると考えられる。孤立したサンゴでは、サンゴという限られた大きさのすみ場所に依存するため、特定の雌雄の配偶関係が固定化し、一夫一妻や一夫多妻になるということである。

一夫一妻のクマノミ類

サンゴに依存するスズメダイに対して、イソギンチャクに依存するスズメダイもいる。それはクマノミの仲間である。これらは、触手をのばすと直径五〇センチにもなるサンゴイソギンチャクやハタゴイソギンチャクなどにすんでいる。

これらイソギンチャクの触手には小さな刺胞と呼ばれる武器がたくさんある。普通の魚が触手に触れると、刺胞から毒針が発射され、魚は麻痺してしまう。人間が指でさわっても触手はくっつく。つまり指の皮膚に刺胞の針が刺さっているのである。種類によっては痛みを感じることさえある。

こんな危険なイソギンチャクにクマノミは平気で体をこすりつける。それでも刺されない。その秘密はクマノミの体表粘液にあり、それに含まれるある物質が、イソギンチャクの刺胞の発射をおさえるのである。この特殊な性質をもつことにより、クマノミは他の魚のいやがるイ

写真4-4 イソギンチャクにすむカクレクマノミ

ソギンチャクにすむことができ、捕食者から身を守られているのである。

さて、一つのイソギンチャクには一～数匹のクマノミがすんでいる。ただし、三匹以上いても繁殖しているのは一ペアだけである。つまり、最も大きな雌と雄が繁殖し、小さい魚たちは繁殖できない、一夫一妻である。ごく稀に、多数のイソギンチャクが密集している場所では、一夫二妻や一妻二夫が生じることもある。しかし、これらは安定したものではなく、基本は一夫一妻である。

写真4-5　卵の世話をするクマノミ（オレンジフィン・アネモネフィッシュ）の雄

卵はイソギンチャクのすぐそばの岩盤に産み付けられる。他のスズメダイと同様、雄が卵の世話をする。ただし、雄を取り除く実験をしてみると、雌にも卵保護の能力があることがわかっている。それはともかく、一〇日ほどたつと孵化して浮いていく。二週間あまりの浮遊生活をへて、一センチほどになった稚魚は、やがてどこかのイソギンチャクに入り込む。

ペアの大きさを見ると、大きいほうが必ず雌である。大きい雌ほど多くの卵を産めるはずだから、一夫一妻のペア当たりの繁殖成功を大きくするには、当然ペアのうち小さいほうではなく、大きいほうが雌であると都合がよい。また雄が子育てを引き受けることによって、雌は摂食時間を増やし、より早く、より多くの卵を産めるだろうから、これまたペアのいずれにとっても都合がよい。一夫一妻で片親だけでも子育てできるなら、雄がそれを担当すべきなのである。

ではなぜ、大きいほうが常に雌でありうるのか。実はクマノミは性転換する。雄から雌へと性が変わるのである。これを雄性先熟と呼んでいる。クマノミの雄と第三位以下の未成魚は、精巣組織と卵巣組織をともに含む両性生殖腺をもっている。ただし、雄では精細胞だけが成熟しており、第三位以下は未熟な生殖腺である。一番大きい雌が死ぬと、第二位であった雄が卵細胞を成熟させて雌に変わり、第三位(未成魚のうち最大の個体)が雄として成熟する。こうしてまた雌のほうが大きいペアができ上がるのである。

性転換と配偶システム

どうしてクマノミは雄性先熟なのか。それはまず、一つのイソギンチャクでは一ペアしか繁殖できないという、生息場所の制限による。そしてもう一つは、浮遊生活をへて、あるイソギンチャクに加入したあとは、他のイソギンチャクへと移動することが困難なためである。

仮にクマノミの先祖が雌雄異体だったとしよう。あるイソギンチャクでペアができる際には、加入時期が異なれば、当然、雌雄の大きさの異なるペアとなる。それも、大きい雌と小さい雄

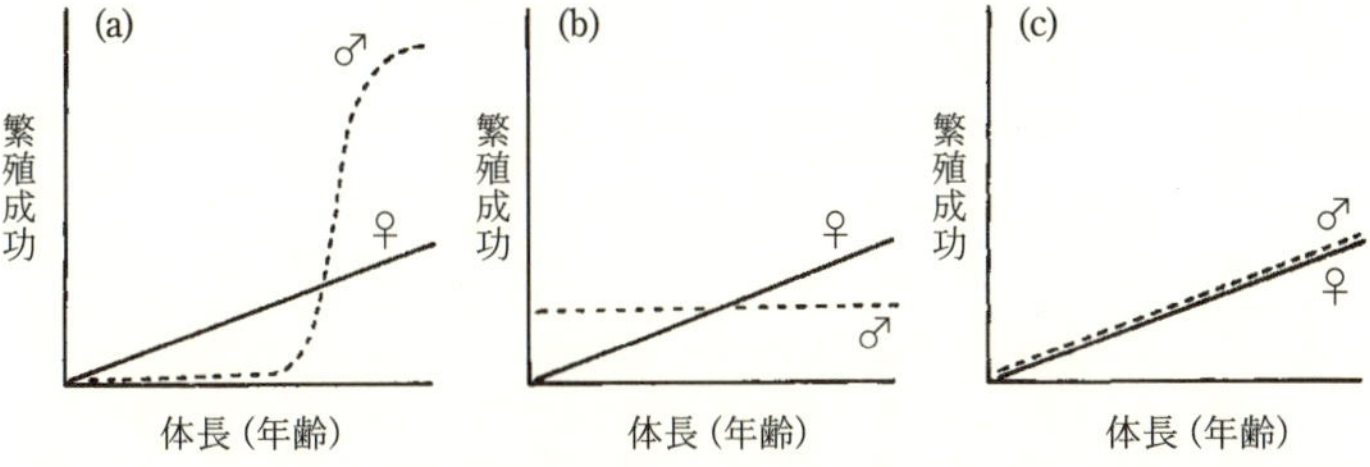

図4-4　体の大きさと雌雄の繁殖成功の変化。(a) 一夫多妻（雌性先熟が有利），(b) ランダム配偶（雄性先熟が有利），(c)サイズ調和配偶（雌雄異体が有利）

という組み合わせも、その逆も、まったくランダムに生じるはずである。

このようにランダムにペアが形成される状況では、小さい雄も大きい雌と組んで大きい繁殖成功を得るチャンスがあり、大きい雄が常に得をするとは限らない。つまり、雄の場合、体の大きさにかかわらず、繁殖成功の見込みは一定であると考えられる。一方、雌のほうは大きいほどたくさんの卵を産めるので、成長とともに繁殖成功は上昇する。そうすると、図4-4(b)から明らかなように、小さいときは雄をやり、大きくなると雌をやるというのが、一生を通しての繁殖成功を最大にする方法である。もしこのような性質が突然変異で生じれば、雌雄異体のものより多くの子孫を残すので、次第にその割合が増加していき、やがては種全体に雄性先熟の性質が広まっていくのである。

実は、先に紹介したミスジリュウキュウスズメダイでは、雌から雄に性転換（雌性先熟）することが紅海で観察されている。孤立したサンゴが多いところでは、一夫多妻になる傾向がある。その場合、大きな雄が雌を独占し、小さな雄の繁殖機会を奪うことが可能である。したがって、小さいときは雌として繁殖し、大きくなってから雄に性転換すると、生涯繁殖成功が最も大きくなる（図4-4(a)）。

一方、クマノミのすむイソギンチャクでは一ペアしか繁殖できず、大きな雄にも一夫多妻になるチャンスがない。しかも、ただ一匹の相手（雌）が自分より大きいか小さいかはまったく偶然に決まる。このように生息場所の大きさ、つまり繁殖個体を何匹収容できるかによって、雄の大きさに伴う繁殖成功の変化の仕方が異なり、雌性先熟か雄性先熟かが決まるのである（図4-4(a)と(b)）。ちなみに、沖縄のミスジリュウキュウスズメダイは性転換しないようだ。そこでは雌がサンゴ間を移動して繁殖するなわばり訪問型複婚になることが多く、一夫多妻になるケースほど雄の繁殖成功が大きさとともに顕著に上昇しないためだと考えられる。なわばり訪問型複婚の他のスズメダイでも性転換は知られていない。

念のため繰り返すと、クマノミは一夫一妻であるから雄性先熟になるということではない。そのペアが、大きさの異なる組み合わせであるということが重要なのだ。例えば、一夫一妻でも、同じ大きさの雄と雌がペアになる場合を考えてみよう。そこでは雄の繁殖成功は、自分と同じ大きさの雌のそれと一致するので、成長に伴う繁殖成功の変化の仕方は雄と雌で一致する

(図4-4(c))。このような条件のもとでは性転換は進化しない。この図だけを見れば、雄性先熟でも雌性先熟でも、雌雄異体でも、すべて同じ直線に乗っているので、一生を通しての繁殖成功は皆同じである。しかし、性転換するには時間がかかり、その間の繁殖成功はゼロである。また当然エネルギーも費やすことになる。このような性転換のコスト（損失）があるために、雌雄異体のほうが有利になるのである。

ところで、南日本、例えば四国西岸の宇和海などでは、イソギンチャクの密度が非常に高い場所がある。こういう所では一つのペアがいくつものイソギンチャクを含むなわばりをもつ。また、イソギンチャクからイソギンチャクへの移動も困難ではない。これはここまでの話の前提、つまり、イソギンチャクが分散し、移動が困難であるという状況と大きく異なる。

このような場所では性転換はあまり実行されないという。つまり雌を失った雄は、性転換せずに、他のペアのなわばりに侵入して、そこの雄を追い出して雌を獲得したり、たまたま雄を失った雌がいると、そこへ移動してペアになる。この際、大きい雄ほど配偶者を獲得できる可能性が高い。一方、このような方法で相手を得ることのできなかった雄だけが、未成魚とペアを組んで性転換する。

先にも述べたように性転換にはそれなりのコストがかかるので、もし性転換せずにすぐに配偶者が手に入るなら、そのほうがよい。つまりここでは、性転換は弱者における「次善の策」

として実行されていると考えられる。

このクマノミの例やミスジリュウキュウスズメダイでも紹介したように、同じ種でも、生息環境が変われば、異なる社会構造や配偶システムをとることがある。それは多くの子孫を残すための最善の方法が、環境によって異なってくるためである。このような同一種内における変異は、最近さまざまな魚で研究されており、行動や社会と環境条件とのかかわりを明らかにするうえで、重要な役割を担っている。

5 ベラの子育てと社会

浮性卵を産むベラ

ベラ科はスズメダイ科と並んでサンゴ礁の代表的な魚である。一部は温帯にも分布し、例えば本州沿岸でもコブダイ、キュウセン、ホンベラなど、かなりの種類を見ることができる。小は数センチから大は二メートルを超えるナポレオン（メガネモチノウオ）まで、全世界で約五〇〇種、日本沿岸からは一三〇種ほどが知られている。

スズメダイ科やカワスズメ科の魚たちとは異なり、ベラ科の大部分は水に漂う卵、浮性卵を産んで、子の保護をまったく行わない。地中海などにすむ一部の種類だけが沈性卵を産み、雄が卵保護することが知られている。これについては後で紹介することにして、まず浮性卵を産む、つまり子育てしないベラの産卵行動と社会を見ることにしよう。

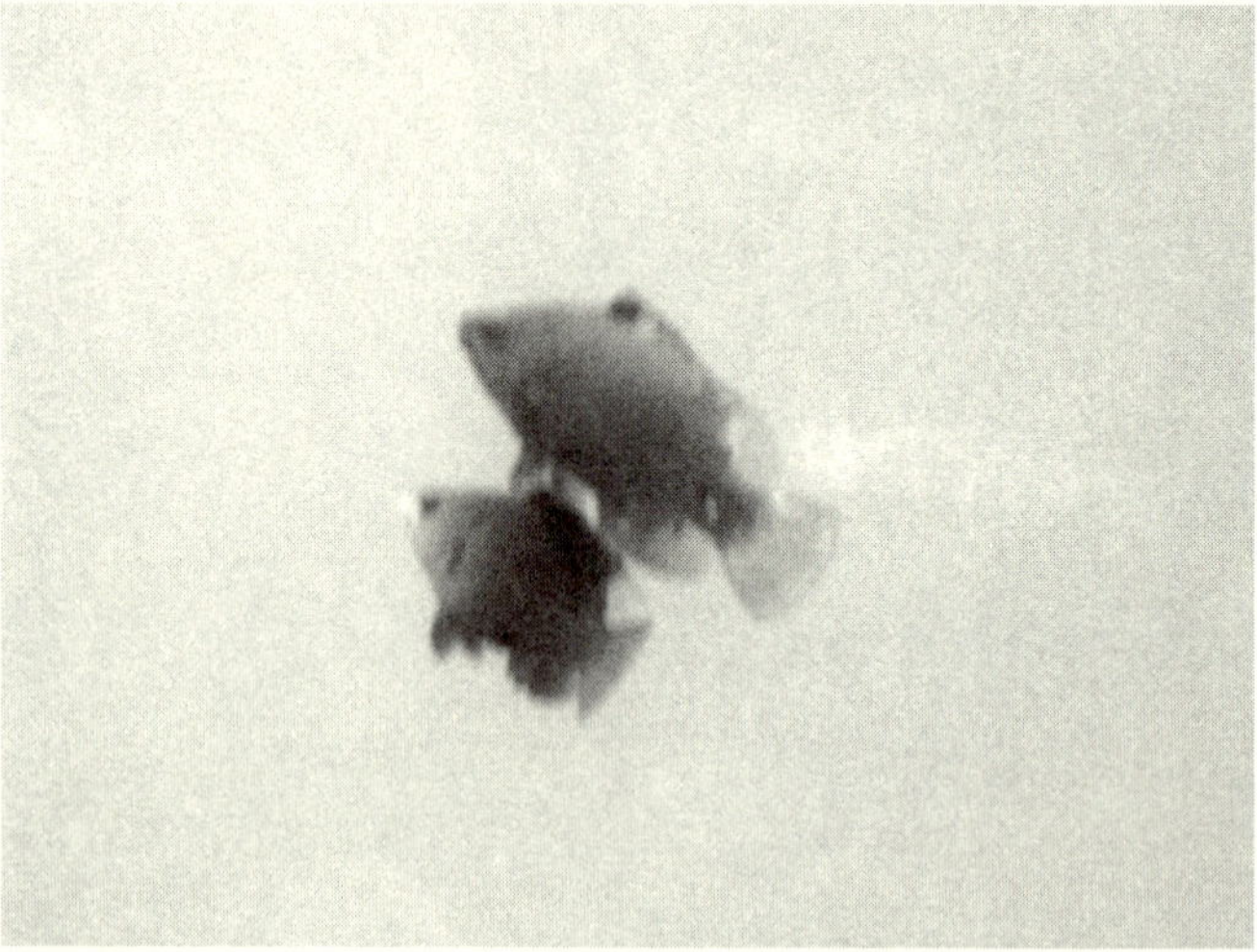

写真5-1　ミツボシモチノウオ（ベラ科）のペア産卵。下が雌，上が雄

ベラ科の浮性卵はほぼ球形で、普通一ミリ足らずの大きさである。卵は小さな油球をもち、これによって底に沈まず、水中に浮くことができる。産卵は海底から数十センチ～数メートル上昇して行われ、放卵放精の瞬間、ちょうど打上げ花火のように、生殖物質による白濁が認められる。親はすぐ海底に戻る。近くにいた魚が産卵直後の卵を食べにきても、親はまったく無関心である。とはいえ、産んだ先から食われていては子孫が残らないので、何らかの工夫がされているはずだ。

まず一つは、どこで産むかという問題である。サンゴ礁や沿岸岩礁にすむベラでは、産卵時刻になると、産卵場所まで移動する例が多い。その場所は、サンゴ礁や岩礁の最も沖側の縁である。一キロメートル以上の移動も珍しくない。なぜ、沖合の場所が産卵場として好まれるのだろうか。

それは産卵時刻と合わせて考える必要がある。サンゴ礁では潮の干満に応じて、沿岸流の方向が変化する。例えば、満潮の後、しばらくすると、潮は沖に向かって流れ始める。ちょうどこの頃に合わせて産卵するのである。満潮時刻は毎日、一時間前後遅れてくるので、産卵時刻もそれに合わせて、早朝から夕方へとずれていく。ただし、ほとんどのベラは昼行性なので、夜の満潮時には産卵しない。

潮が沖に向かって流れていけば、浮性卵もそれに乗って運ばれていく。これが卵の生存率を高める工夫である。つまり、沖合には、サンゴ礁の中と比べて、卵の捕食者はずっと少ない。サンゴ礁の岸近くで産んだり、また満潮後以外の時刻に産んだりすれば、卵はサンゴ礁にいる魚たちに食われる危険性が高いのである。

しかし、このような干満によって決まる一定方向の流れがない場所では、産卵時刻が種ごとに違うこともある。それぞれの時刻が何によって決まっているのかはよくわかっていない。また、沖への産卵移動をしない種も存在する。特に小型の種では、ふだんすみなれた場所を離れて長距離移動する際に、親自身が捕食される危険性が高いと考えられ、これが移動を妨げている可能性がある。

このように、まだうまく説明できないこともあるが、少なくともベラをはじめ浮性卵を産む魚に共通するのは、底から上昇して産卵するということであり、これ自体が卵の生存を高める効果をもっている。つまり、底から離れるほど卵の捕食者が減り、また卵は流されやすくなると考えられる。ただし、親にとってみると、底から離れて中層に出ていくと、それだけ目立ちやすく、また、いざというときの隠れ家から遠ざかることになり、自らが捕食される危険が増すのである。したがって、小型の種ほど、よりすばやく、短い上昇をする傾向が認められる。

このように、子育てをしないベラでも、少しでも子の生存率をよくするための産卵時の工夫が見られるのである。

では、具体的な例をあげて、ベラの社会を見ていくことにしよう。その前に、もう一ついっておかなければならないことがある。それは性様式についてである。実はベラ科でも性転換が見られる。これまで八〇種以上で雌性先熟の報告があり、それに対して、性転換しない、雌雄異体であることが確実なのは一〇種足らずにすぎず、その大部分は沈性卵を産む種である。まず、雌から雄に性転換し、浮性卵を産むベラの社会を紹介しよう。

ペア産卵とグループ産卵

沖合へ産卵移動するベラ、例えばホンベラやブルーヘッド（カリブ海産）などでは、雄は産卵場所へいくと、そこに一時的になわばりをかまえる。その広さは直径五～一〇メートルで、近くにくる他の雄を追い払う。このなわばりをもつ雄は、普通、雌より大きくて派手な色彩をしている。

スズメダイと同様、なわばり雄は上がったり下がったりの独特の泳ぎ方をして、雌を誘う。雌がなわばりに入り込むと、やがて二匹はぴったりと寄り添って上昇し始め、最後の一メートルほどは急激にダッシュして放卵放精する。これを一対一のペア産卵と呼ぶ。

一匹の雄のなわばりに何匹もの雌が次々に訪れては産卵していく。ブルーヘッドの雄では一日(正味二時間足らずの産卵時間帯)に、平均四〇回ものペア産卵をするという。一方、雌はほぼ毎日一回産卵する。したがって、なわばり雄は雌の四〇倍もの子孫を毎日残していることになる。このように大きな雄が雌に比べて極端に高い繁殖成功を得る状況では、前に説明したように(図4-4(a))、雌から雄への性転換が進化するのも当然である。

ところが、ブルーヘッドやホンベラなどには、雌と同じ地味な体色の、生まれつきの雄もいるのだ。これらも大きくなると、性転換した雄と同様、派手な体色になり、なわばりをもつ。しかし、小さいうちはなわばりをもてない。ただあぶれているだけなら、そのとき雌として機能したほうがましなはずだ。しかし実際は、彼らは小さいときから、雄としてちゃんと繁殖しているのだ。

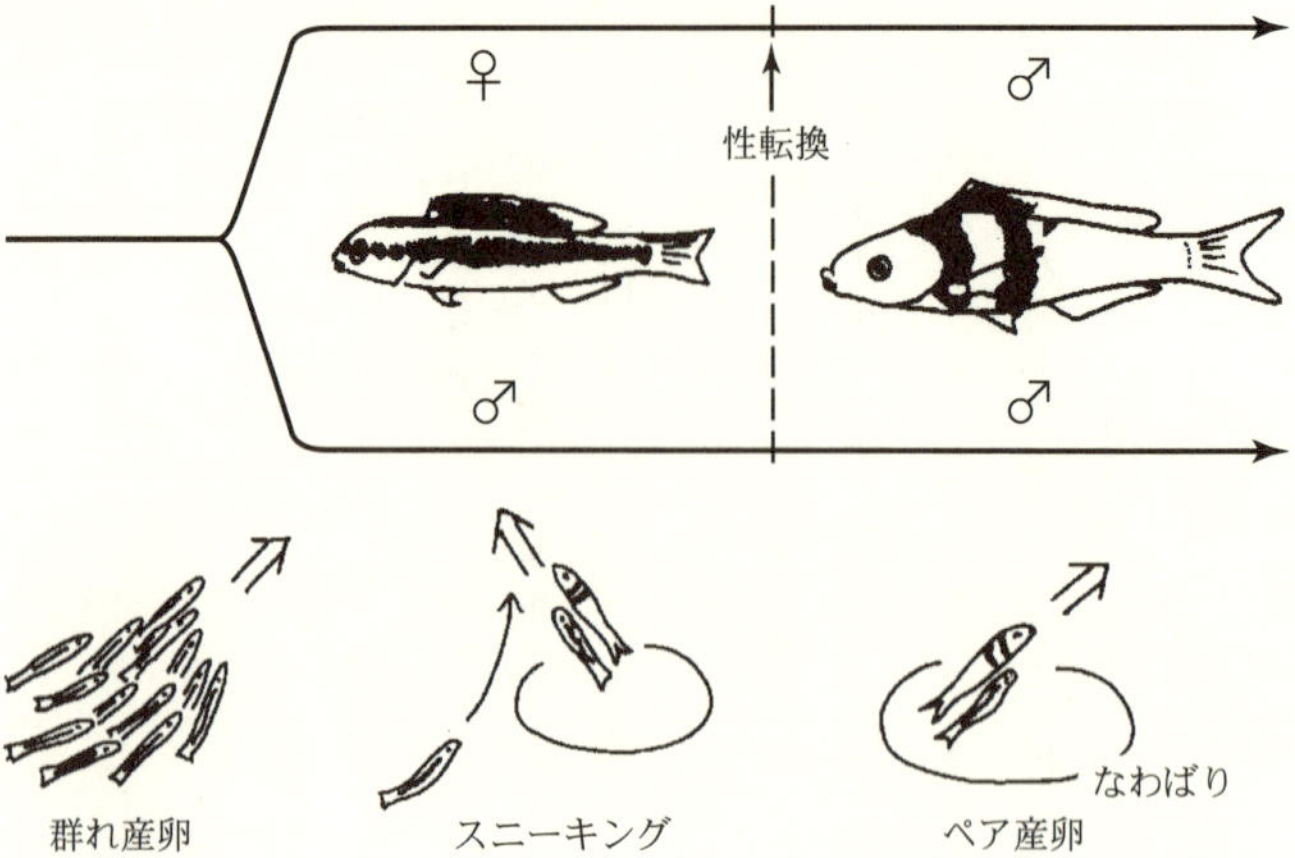

図5-1　ブルーヘッドの2タイプの生活史と3タイプの産卵行動

なわばり雄と雌のペア産卵を観察していると、突然、雌と同じような地味な色をした小さな雄が飛び込んでくることがある。ペア産卵の瞬間をねらって、精子をかけにくるのである。これをストリーキング（飛び込み放精）と呼んでいる。ただし、似たような行動がサケやブルーギル・サンフィッシュなどではスニーキングと呼ばれている。

なわばり雄は小さな雄を見つけると、攻撃してなわばりから追い出そうとする。しかし、小さい雄は雌と似た地味な色をしているために、雄だと見破れないこともある。さらに、小さい雄がたくさん集まってくると、なわばり雄は攻撃の手が回らず、追い出すのをあきらめてしまうこともある。

そうなると、小さい雄たちはこそこそふる

写真5-2　コガシラベラのグループ産卵

まう（スニークの語源）のをやめて、堂々となわばりに侵入し始める。つまり、多数の小さい雄が群れをなし、産卵前の雌を追尾する。時には五〇〇尾以上の群れになり、産卵場所を泳ぎ回る。群れの構成は、雄が雌の一〇倍にもなる。そして、その群れの中から、突然、一匹の雌と五〜一〇匹の雄が上昇し、同時に放卵放精するのである。これをグループ産卵（群れ産卵）と呼ぶ。

なわばり雄のペア産卵では、雄は相手の産んだ卵を自分の精子だけで受精できるのに対して、ペア産卵に一尾の小雄が飛び込んでストリーキングした場合には単純に平均して約半分、グループ産卵では参加した雄の数で割った分しか、自分の子にならない。ここで少しでも、自分の子を増やすには、他の雄より多くの精子を出すことが必要である。実際、グループ産卵やストリーキングをする小さな雄の精巣は、なわばり雄と比べて、体の割に大きいことがわかっている。

ブルーヘッドの小さい雄は、一日当たり一回ペア産卵するのと同じくらいの繁殖成功を得ているという。つまり、同じくらいの大きさの雌と変わらぬ数の子孫を残している。したがって、小さいときに雌をやっても雄をやってもたいした差はなく、性転換する個体と生まれつきの雄が共存できるのである（図5-1）。

レック

先に述べたブルーヘッドのように、産卵場所に多くの雄が集まり、それぞれがなわばりをかまえて、求愛ディスプレイを行う現象は「レック」と呼ばれることがある。

レックとは、もともと鳥の求愛集団に対して名付けられた用語である。キジオライチョウやエリマキシギなどでは、交尾期になると伝統的に決まった場所に雄たちが集まり、それぞれが小さななわばりをかまえ、いっせいに求愛のダンスを踊る。雌はそこを訪れて雄と交尾し、その後、別の場所へいって、自分ひとりで巣造りと産卵・子育てを行う。つまり、この雄のなわ

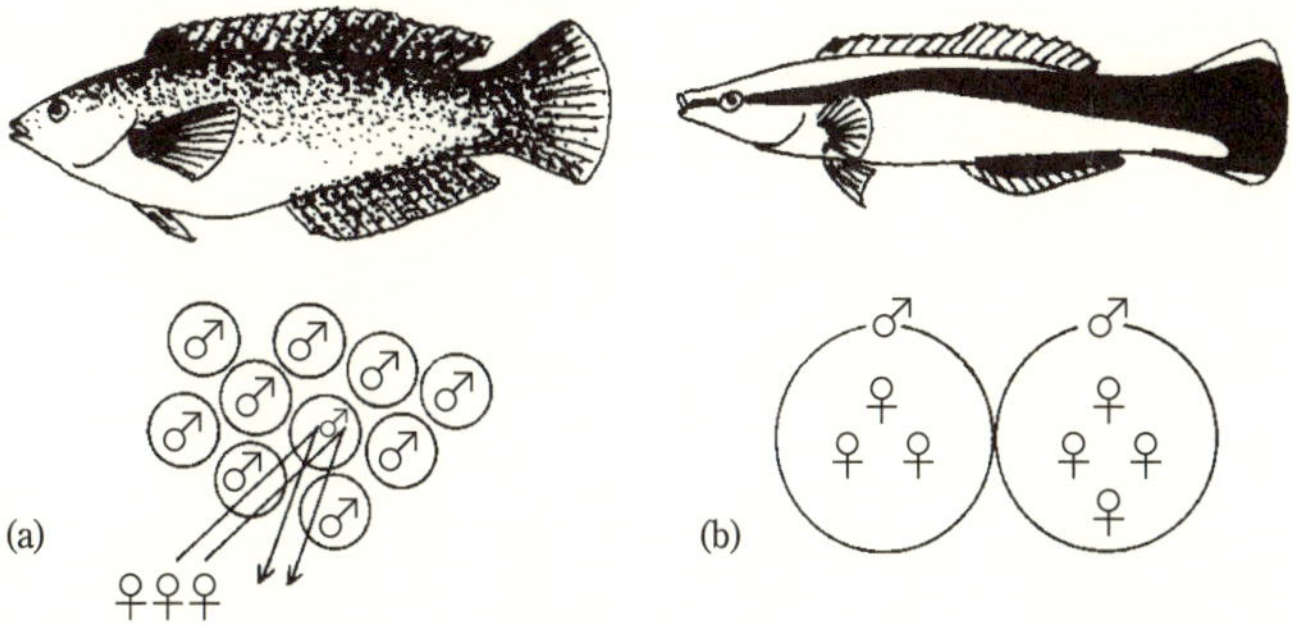

図5-2　(a) レック (ムナテンベラ) と (b) ハレム (ホンソメワケベラ)

ばりは、求愛と交尾のためだけのものである。さらに、大部分の雌は、その集団の中央になわばりをもつ雄（＝順位の高い雄）を選んで交尾する。これが鳥で見られるレックの主な特徴である。

魚では、ベラ科に限らず、先に述べたスズメダイ科やカワスズメ科でも、雄の繁殖なわばりの集合が見られる際には、レックという言葉が使用されることがある。しかし、鳥で定義されたレックの内容と比較すると、かなり異なる点が見られる。まず、魚では、その多くが交尾ではなく体外受精をし、雄のなわばりの中で産卵する。また、スズメダイなどでは、なわばりの中で子育てまでするという点で、レックの定義からはずれる。

さらに、集団中の中央の雄が特に雌に選ばれるという点については、ムナテンベラなど二、三の種で確認されているにすぎない。

ムナテンベラの三宅島での産卵期は六～九月。その間、雄は産卵時刻になると毎日、沖合の産卵場所に通い、決まった場所になわばりをかまえる。そこに雌がやってくるのだが、大部分の雌は、二〇匹ほどの雄のうち中央になわばりをもつ二匹の雄のいずれかと産卵した。たまたま、そのうち一匹の雄がいなくなると、そのなわばりをめぐって周辺の雄たちが争い、最終的にその場所を勝ち取った雄は、以後やはり多数の雌の訪問をうけたという。

このように、ムナテンベラは体外受精という点を除けば、鳥のレックにかなり近いといえる。しかし、鳥でのレックの使用法との混乱をさける意味では、別の言葉を用いたほうがよいだろう。本書では、雄がなわばりをもち、そこへ雌が訪れて産卵あるいは交尾する場合を、子の保護の有無にかかわらず、これまでも使ってきた「なわばり訪問型複婚」と呼ぶことにしよう。この定義には、雄のなわばりがどの程度集合しているかは無関係である。もちろん、狭義のレックは「なわばり訪問型」に含まれる。

ハレム

なわばり訪問型複婚のベラのほとんどは、産卵時刻だけ一時的に雄がなわばりをもつものである。一方、雄が常になわばりを維持し、その中に雌たちが定住している種もある。例えば、ホンソメワケベラがそうである。このベラは他の魚の体表についている寄生虫(甲殻類)をとって食べるので、掃除魚とも呼ばれている。

ホンソメワケベラでは、一匹の大きな雄（最大一一センチ）のなわばりの中に、数匹（二〜一二匹）の雌がすみ、一夫多妻のグループを形成する（図5-2(b)）。この場合、雌は原則としてこの一匹の雄としか産卵しない。このように、雄と雌が共存し、雄から見ると複婚、雌から見ると単婚という場合にのみ、一夫多妻（ハレム）という言葉を用いることにする。

ホンソメワケベラの雄のなわばりの広さは、その体の大きさや生息場所の条件によっても異なるが、おおよそ直径三〇〜一〇〇メートル。産卵時刻だけの雄のなわばりに比べるとずいぶん広い。砂地にはすまないが、サンゴ礁や岩礁では、この雄のなわばりが互いに接して敷きつめられているのが普通である。

産卵はこのなわばりの中の沖寄りの場所で行われる。毎日、一時間あまりの限られた時間帯に、雄はハレムの雌たちと次々にペア産卵を行う。雌は繁殖盛期には毎日、一回産卵する。もし、五匹の雌がいれば、雄は各雌の五倍の子孫を毎日残していることになる。

この一夫多妻のグループの中で、雄はどの雌よりも大きく、優位である。一方、雌同士にも、体長順の優劣（順位）がある。大きい個体から小さい個体への攻撃（普通軽い追いかけ）があっても、小さいほうは反撃することなく逃げる。しかし、なわばりから追い出してしまうような、激しい攻撃はめったにない。

他のグループの魚がたまに侵入してくると、あるいは人為的に入れてみると、それに対しては激しく攻撃し、なわばりの外へと追い出してしまう。つまり、グループ間ではなわばり関係が、グループ内では雄を頂点とする体長順の順位関係が見られるのである。

さてここで、雄が死ぬとどうなるか。雄を取り除いてみると、一時間もたたぬうちに、雌の中で最大の個体の行動が変化する。つまり、他の雌に対して、体の後半を強く震わせて泳ぎ寄る行動(尾ふり行動)をやり始める。これは雄独特の行動である。そして、数日のうちに、この最大雌と他の雌がペア産卵をやってしまう。もっとも、まだこの最大雌の生殖巣には卵細胞が残っており、精子も少ししか成熟していない。つまり、生殖物質を放出しない、産卵のまねごとである。しかし、二週間たつと卵細胞は退縮し、かわって精子がどんどんつくられ、本当の雄として放精できるのである。

ここで性転換するのは、雌のうち最大の個体だけである。自分より大きい(強い)個体がいる限り、性転換はできないのだ。これは性転換の社会的調節(抑制)と呼ばれている。すでに紹介したクマノミなどでも、このような社会的順位によって性転換の有無が調節されている。

実は、雄が死んだとき、必ずそのハレムの最大雌が性転換するわけでもない。隣の雄が侵入して(なわばりを拡大して)、そのハレムを乗っ取ってしまうこともある。このときには、雄の死んだハレムの最大雌は性転換せず、雌のままである。

写真5-3　ホンソメワケベラのハレムから雄を除去した後の雌どうしの産卵。下が雌役，上が雄役

隣の雄が侵入してくると、ハレムの雌たちはそれを追い出そうとして戦うが、結局はその雄と最大雌の力関係、大きさによって勝負が決まる。もし、あまり大きさが違わないときには追い出しに成功し、性転換する。隣の雄のほうがずっと大きければ、乗っ取られてしまう。つまり、一つのグループ内だけでなく、隣接するグループの個体も含めて、体長に基づく順位で、だれが雄になるかが決まるのである。

ところで、ホンソメワケベラには、ブルーヘッドなどで見られたような小さな雄はいない。存在しえないのである。大きな雄は常に自分のなわばりをパトロールして、ハレムの雌たちに気を配っている。もし、小さな雄がいると、当然すぐに追い出してしまう。しかも雄のなわばりは互いに接しているから、小さな雄がなわばりの近くに潜んで、スニーキングのチャンスをねらうこともできない。もちろん、グループ産卵しようにも、雌たちはすべて大きい雄に独占されている。

もし、小さな雄がどこかにいたとしても、それは繁殖からまったくあぶれてしまうのである。雌雄異体の動物では、一夫多妻であれば、アブレ雄が生じるのは当然である。しかし、ホンソメワケベラではアブレ雄の道を選ぶのではなく、小さいときはすべて雌として繁殖する。そのほうが一生を通してみると、より多くの子孫を残せるからである（図4-4(a)）。

ではどうしてアブレ雄のいる社会もあるのか。大きな雄が雌を独占する一夫多妻の社会であっても、例えば鳥類や哺乳類など陸上動物では、性転換はまったく知られていない。それは、雄と雌の形態的・機能的な差が、魚に比べて極めて大きく、性転換するのに時間とエネルギーがかかりすぎるからである。このコスト（損失）が大きければ、繁殖成功の増大も帳消しになってしまうと考えられる。

雄の卵保護

最後に、沈性卵を産むベラを紹介しておこう。地中海にすむシンフォドゥスの仲間では、雄

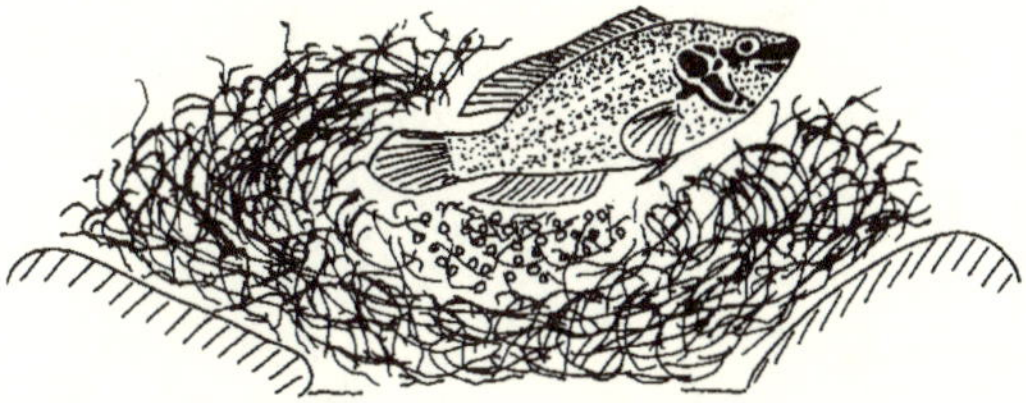

図5-3　シンフォドゥス・オケラトゥスの雄と海藻でつくった巣

が海藻を集めて巣をつくり、その周辺をなわばりとして防衛する。そこに次々と雌を呼び込んでは産卵させる。雄は卵に対する水送りや捕食者の追い払いなど、いわゆる見張り型保護を行う。スズメダイと同じく、孵化した仔魚は巣から出て浮遊生活に入る。

このなわばり雄は大きくて派手である。一方、雌に似た地味な色をした小さな雄は、スニーキングを行う。なわばり近くの海藻の繁みなどに身を隠し、大型雄の巣に雌が入り込んでまさに産卵というときに、飛び込んでいって精子をかける。スニーキングに成功すれば、自分の子を大型雄に守ってもらえることにもなるのである。一種の托卵である。

シンフォドゥス類の大部分の種はこのようなタイプだが、シンフォドゥス・メラノケルクスは巣造りも、卵保護もしない。この種でも大きくて派手な雄は直径一〇メートル前後のなわばりをかまえる。そして、そこに雌を次々に呼び込んで産卵させる。ただし、巣をつくらないので、雌たちはなわばりの中のあちこちに卵を産み付ける。雄も雌も卵保護しようとはせず、雌は出ていき、雄は次の雌を呼び込むのに一所懸命である。一方、この種でも小さな雄はスニーキングを行う。しかし、特定の巣が決まってないので、どこで産卵するかを予測できず、スニーキングの頻度は低いという。

このメラノケルクスでは雌から雄への性転換が起こるらしい。ただし小さい雄は、ブルーヘッドなどと同様、性転換しない生まれつきの雄だと思われる。一方、卵保護をする種のほうは雌雄異体である。なぜ卵保護する種は性転換しないのか。

繁殖成功（呼び込んだ雌の産卵回数にスニーキングの回数を補正したもの）を比べてみると、メラノケルクスの大型雄は小型雄の一四倍もの値を示したのに対し、卵保護する種では五〜八倍の違いであった。これは、他の種の大型雄が巣造りや卵保護に費やす時間を、メラノケルクスではすべて雌を呼び込むことに使え、また、スニーキングの頻度が低いことによる。

つまり、メラノケルクスで大型雄による雌の独占傾向が最も強く、したがって雌性先熟の性転換が最も起こりやすいと考えられる（図4-4(a)）。しかし、卵保護する種でも、大型雄の繁殖成功は雌の二倍近くある。これらが性転換しない理由としては、この程度の繁殖成功の増加では、性転換のコストの大きさに見合わないのかもしれない。あるいは、小さい雄は繁殖を控えることにより、成長を早め、生残率も高めているという可能性も考えられる。これまで性転換の進化を、繁殖成功を基準とした単純なモデルで説明してきたけれども、現実には、成長率・死亡率など生活史のさまざまな側面を定量的に調べないと説明できないケースも多いのである。

サテライト雄

巣造りするシンフォドゥスの仲間には、もう一つ、興味深い現象が知られている。大型のなわばり雄と小型のスニーカーがいることはすでに述べたが、さらに中型の地味な体色をした雄は、また違った行動をとる。それらはサテライト（衛星）雄と呼ばれ、なわばり雄の巣の近くにいることを許されている。つまり、カワスズメで紹介したヘルパーの立場に似ている。

サテライト雄は、巣造りや水送りこそしないものの、巣に近づく卵捕食者やスニーカーを追い払う。この点では、なわばり雄を助けていると考えられる。このベラでは孵化後、浮遊生活を送るので、大型雄とサテライト雄には血のつながりはなく、血縁選択では説明できない。

サテライト雄は雌がやってくると、スニーカーと同じように精子をかけるのである。その繁殖成功は大型雄の半分くらいはあるらしい。これはなわばり雄にとっては、明らかにマイナスである。しかし、サテライトのいる巣では、いない巣と比べて多くの雌が訪れ、卵の孵化率もよいという。つまり、サテライト雄がヘルパーとして働き、大型雄も利益を得ている可能性を示している。これは第3章のカワスズメ科で紹介した繁殖もしているヘルパーの話と共通している。また、淡水魚のブルーギル・サンフィッシュなどでも、なわばり雄(保護雄)、サテライト雄、スニーカー雄という三タイプの雄の繁殖行動が知られている。

6 配偶システムと性役割

社会関係と配偶システム

カワスズメ科、スズメダイ科、ベラ科について紹介してきたが、これらを踏まえて、魚類に見られる社会・配偶システムのタイプを整理し、それらと子育ての性役割との関係を検討してみよう。

「社会」とは、その種を構成する個体間のさまざまな関係の総体である。社会関係の基本は、まず二個体間で互いに反発するか誘引(集合)するかにある。また、魚の場合には個体間の優劣(順位)関係は、相対的な体の大きさによって決まることが多い。そこで、同じ大きさの相手、異なる大きさの相手に対して、誘引・反発いずれの行動をとるかを場合分けしてみると、図6-1に示したような五つの基本的な社会形態が区別できる。

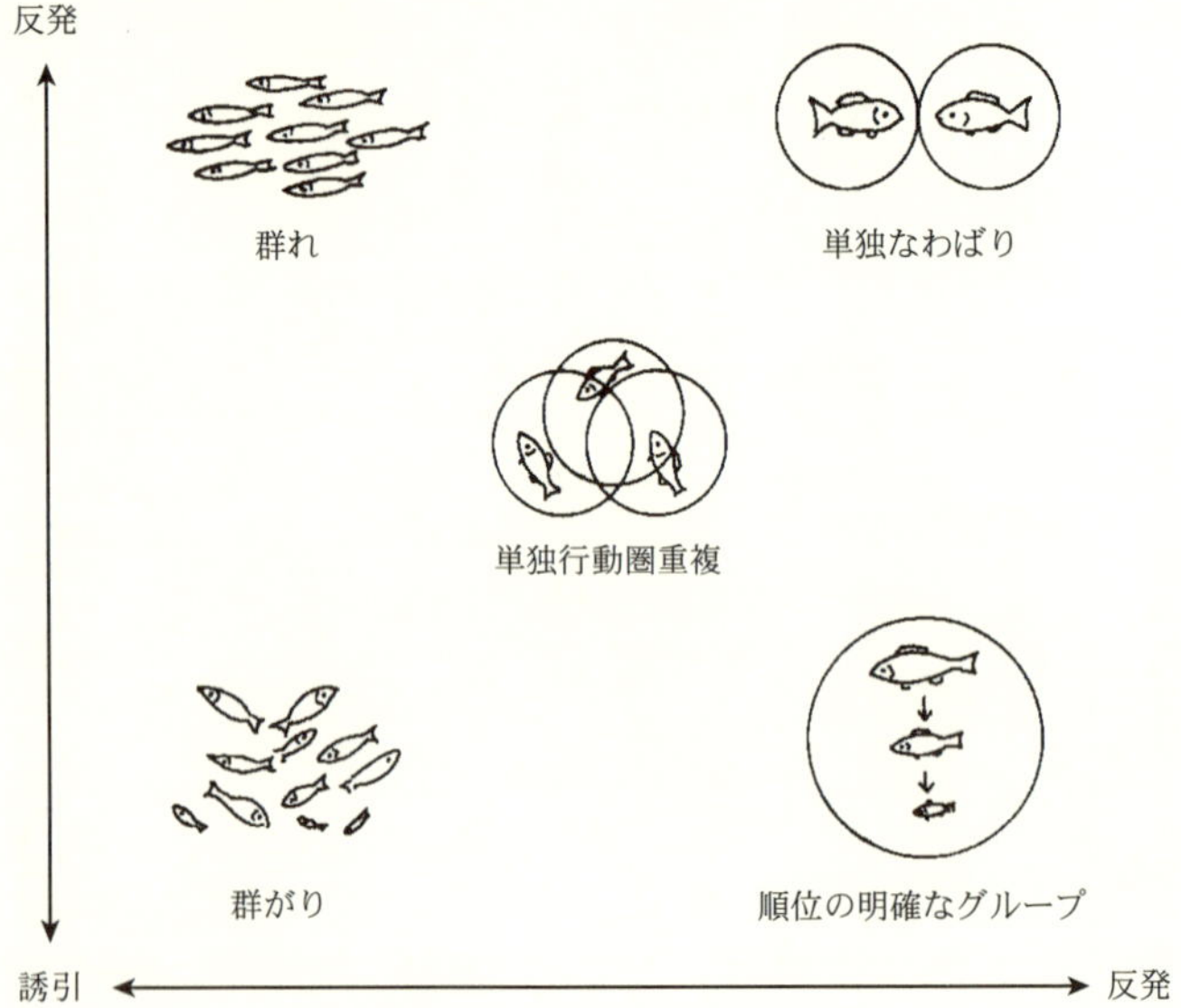

図6-1　社会形態の5タイプ

あらゆる相手に対して反発するなら、単独なわばりとなる。また、グループの中に明瞭な順位関係が生じやすいのは、同じ大きさの者同士が反発し、異なる大きさの者が共存する場合である。一方、定着的な群がりではさまざまな大きさの個体が共存するのに対して、移動する群れでは各個体の遊泳能力は等しくなければならないので、普通、似た大きさの個体の集合となる。特に明瞭な反発・誘引を示さない際には、単独行動で行動圏が重複する社会形態となる。

もちろん、特に繁殖期には、これに加えて同性・異性間の関係の違いも考慮しなければならない。繁殖期と非繁殖期で、もっと極端には、繁殖時刻とそれ以外で、異なる社会形態をとる魚も少なくない。

例えば、非繁殖期に群れをつくる魚の中には、産卵もそのまま群れで行う種類もあれば、繁殖期になるとなわばりをかまえる種類もある。一方、ふだんなわばりをかまえていながら、繁殖期に群れる魚もいる。非繁殖期の社会と繁殖期の社会との間には、一定の対応関係は存在しないようである。

繁殖をめぐる雄と雌の関係は、われわれ人間社会では婚姻制度と呼ばれているが、動物社会については配偶システムと呼ぶことが多い。配偶システムは、まず配偶者の数を基準にすると、一夫一妻（単婚）、一夫多妻（雄から見て複婚・雌から見て単婚）、一妻多夫（雌から見ると複婚・雄から見ると単婚）、乱婚（互いに複婚）に区別される。

ただし、どれくらいの期間を考えるかによって、同じ動物が異なるタイプに分類されることも生じる。例えば、ある年の繁殖期だけを見ると一夫一妻でも、一生を通して見ると乱婚（年により相手を変える）というように。一生にわたって個体の生活史が追跡できている魚は大変稀なので、ここでは原則として、一繁殖期間の話に限って、それぞれの用語を用いることにする。

この配偶システムを中心にして魚の社会をタイプ分けしてみよう。その際、単に配偶者の数だけでなく、雄と雌の空間配置関係も考慮した次のようなタイプ分けを提案したい。

一夫一妻
一夫多妻（ハレム）
一妻多夫
なわばり訪問型複婚
乱婚

の五タイプである（図6-2）。各タイプごとに、まず子育てしない魚をとりあげ、次いで見張り型保護、体内運搬型・体外運搬型保護の順に例をあげ、その際の保護者の性を見ていくことにする。

一夫一妻

一夫一妻というと、鳥類などでは両親による子育てと同義にとられることもあるが、魚類では子育てをまったくしない種でも一夫一妻になるケースがあ

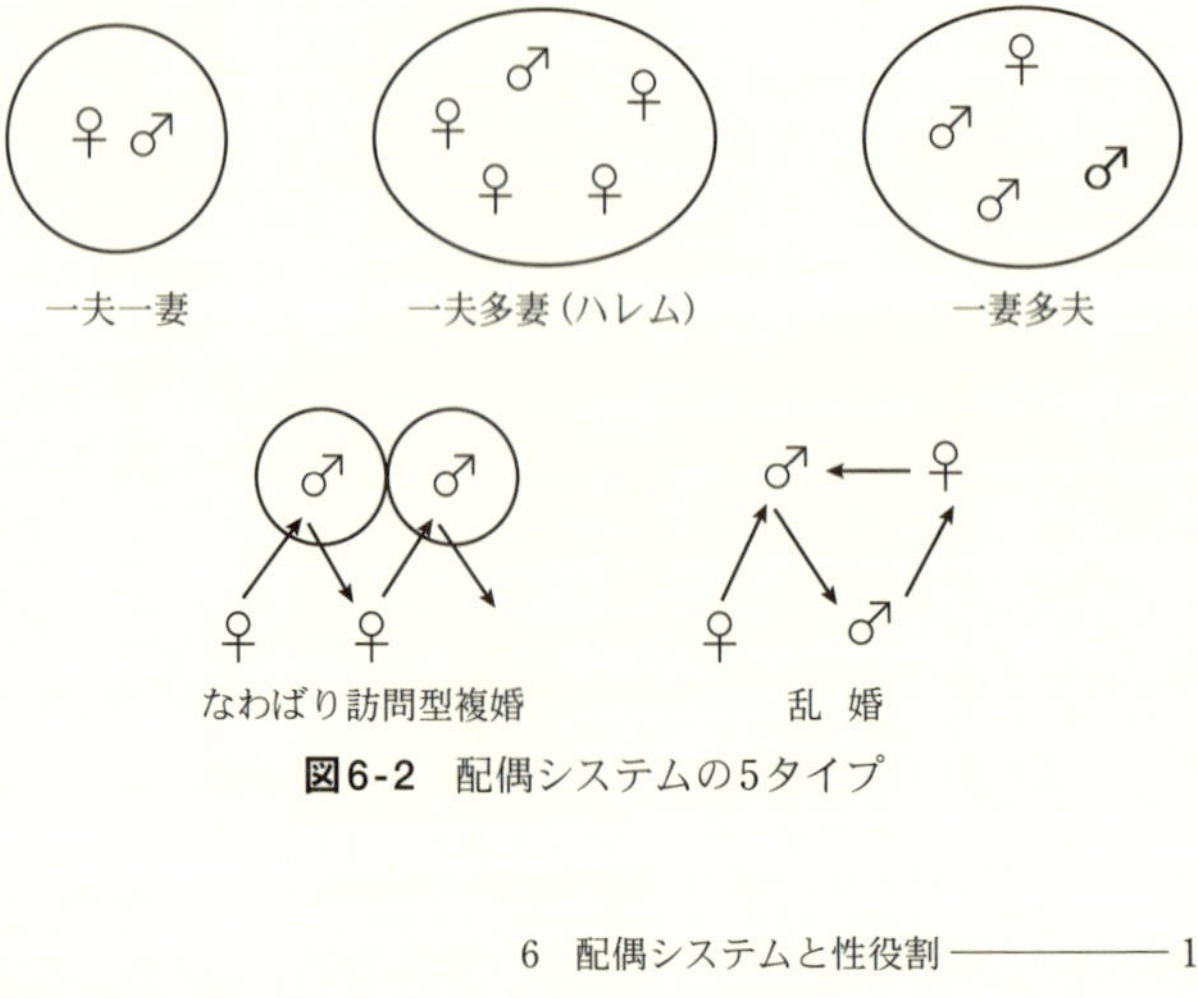

図6-2　配偶システムの5タイプ

る。すなわち、

A　少なくとも一回の子育てが終了するまで、両親ともに子のそばにとどまる場合

B　子育てしようとしまいと、同じ一匹の相手とだけ繰り返し繁殖する場合

のいずれかに当てはまれば、一夫一妻とみなされている。淡水魚ではAに当てはまるケースが多いのに対して、海水魚ではBが多い。

ただし、Bであるというためには、個体識別して長期的に追跡することが必要である。雌雄らしい二匹が、いつもペアで行動していることが観察されても、繁殖の現場をおさえなければ判断は下せない。逆に、ペア行動をとらず、例えばふだんは単独行動であっても、繁殖を特定の相手と繰り返している可能性もあるのである。

サンゴ礁にすむチョウチョウウオ科の魚には、雌雄がペアで行動する種類が多数知られている。これらは主にサンゴのポリプ（サンゴ虫）などをつついて食べる。紅海で調べられたある種では、雌雄は直径一〇〜二〇メートルのなわばりを共有し、周年そこにすんでいた。三年以上も続いたペアもあったという。繁殖期にはそのなわばりの中で、夕方、底から浮き上がって浮性卵を産み、以後の保護はまったくしない。

実験的に雄を取り除くと、雌は単独ではもとのなわばり範囲を維持できず、摂食回数も減少したという報告もある。つまり、雌にとっては雄の存在が、摂食場所と時間の確保に役立って

写真6-1　フウライチョウチョウウオのペア

いると考えられる。

同じくサンゴ礁にすみ浮性卵を産むニザダイ科の一部や、沈性卵を産むテングカワハギやキンチャクフグの仲間なども、卵保護はしないがペアなわばりを維持し、一夫一妻になる。

一夫一妻における見張り型保護

次に子の保護を行う場合を見よう。一夫一妻であっても、子の保護に関する父と母の役割分担にはさまざまなケースがある。まず、見張り型保護をとりあげよう。

イソギンチャクにすむクマノミ類や、枝状サンゴにすむダルマハゼ類は、一夫一妻で、卵保護は主に雄の役割である。これらの海産魚では孵化した仔魚は浮き上がって海流に流されていく。このような卵のときだけ保護する場合には、一夫一妻なら雄が担当する傾向が強い。なお、これらはイソギンチャクやサンゴという、限られた生活空間を利用するため、同性個体間の排他性によって一番《つがい》しか繁殖できず、一夫一妻になっていると考えられる。

スズメダイ科のアカンソクロミスは、海産魚には珍しく、孵化後の仔稚魚も両親で見張り保護する。仔稚魚の保護は雌雄ほぼ対等に行っているが、卵保護は雄が担当する。一方、淡水魚のカワスズメ科では、卵や孵化直後の仔魚に対しては、雌が直接的な世話をし、雄は敵からの防衛を主に担当する傾向が認められている。

一般に、孵化後の仔稚魚の世話をする場合には、両親がほぼ対等に行うことが多い。これは、卵保護と比べると保護行動のレパートリーが防衛行動のみに単純化し、さらに、卵と比べると片親では防衛効率が悪いことによると考えられる。

一夫一妻における体外運搬型保護

次に運搬型保護をする場合を見てみよう。体内運搬型で一夫一妻であることが確かめられた魚はいない。体外運搬型では、口内保育をするカワスズメ科に、一夫一妻の種がいくつか見つかっている。その多くは、口内保育ののちに、はき出した仔稚魚を見張るタイプである。これらでもやはり、仔稚魚の見張りに両親が必要なため、一夫一妻になっていると考えられる。

一方、タンガニコドゥスなどは、口内保育しかしないのに一夫一妻になる。これらでは雌から雄へと口内保育担当者が交代する。しかし、子育てに同時に両親が必要なわけではない。一夫一妻にならざるをえない状況が先にあり、その結果として雄の協力が生じていると考えたほうがよいだろう。

海にも口内保育魚がいる。これらではいずれも雄が、卵を孵化するまで保護する。そのなかで、テンジクダイ科のクロホシイシモチなどでは一夫一妻になることが知られている。これを少し詳しく紹介してみよう。

クロホシイシモチは本州南部から九州にかけてごく普通に見られる、十センチほどになる魚である。昼間は岩陰に数十〜数百匹が群がって休み、夜になると分散して餌をとる。紀伊半島あたりでは産卵は五月下旬から始まる(九月末まで)。その二カ月も前から、群れを離れて雌雄のペアができ始める。ペアは直径五十センチくらいのなわばりをかまえ、同種個体を追い払う。このペアも夕方になるとそこを離れて摂食し、夜明けとともに戻ってくる。

産卵は真昼に行われる。直径一ミリ弱の球形の卵が数千個、互いに粘着糸でからみ合い、直径二センチあまりの卵魂となって産み出される。すると横にいた雄は後方へさがり、卵塊がまだ雌の腹部から離れないうちに、くわえにいく。卵は約一週間で孵化し、雄の口から出ていく。それから一週間あまりたつと、次の産卵が行われる。つまり、同じペアで産卵を繰り返す一夫

写真6-2　クロホシイシモチの産卵。手前が雌

一妻である。

ところが、いつもこうなるとは限らない。卵をくわえた雄がなわばりを去り、群れに入ってしまうことがある。雄が出ていくと、雌もあとを追う。そして、もとの雄を見失うと、群れの中の卵をくわえていない雄を誘い、それをもとのなわばりに連れてくる。つまり、雌は同じなわばりを維持し、雄が入れ替わるのである。この場合は乱婚になる。

なぜ雄が入れ替わるのか。雄が積極的に出ていくのか、雌が追い出すのか。行動からはどちらかはっきりしないが、次のことから後者の可能性が強いと思われる。雌は繁殖盛期には最短一〇日で次の産卵をする。一方、雄は卵を一週間くわえて孵化させたあと、次にくわえるまで一週間以上開けていた(おそらく、食いだめ期間)。つまり、二週間周期でしか産卵に応じられない。そうすると、雌としては雄を追い出し、すぐに口内保育可能な別の雄を呼び込んだほうが、より早く次の産卵ができると考えられる。

もちろん、これは雄が余っているという状況があって、初めて可能である。繁殖期にほとんどの個体がペアを組んで、群れが存在しないような場所では、雄の交代は起こらない。

テンジクダイ科の中で、ふだん単独で生活するクロイシモチなどでは、ペアが何日も維持されることはなく、いきあたりばったりの乱婚的な繁殖をする。クロホシイシモチやネンブツダイなど、ふだん群れをつくる種類でのみ、長期的にペアが維持されることがあるのである。おそらく、密集した群れの中で産卵すると、他個体に卵を食われるおそれがあるので、群れから離れた安全な場所にいき、ペアなわばりをもつことが必要なのであろう。

口内保育以外の体外運搬型保護でも一夫一妻のものがある。イシヨウジ(ヨウジウオ科)はサンゴ礁にすむ一五センチほどになる底生魚で、雄が腹面に卵を付着させて運ぶ(図1-1(b))。産卵は早朝に行われ、そのあと昼間はおのおの単独で摂食する。なわばり行動はとらず、何匹もの摂食域(行動圏)が重複しているという。ところが、毎朝必ず同じ相手と「あいさつ行動」を交し、次の産卵も同じペアで行うのである。これは、ふだんペア行動をとらないにもかかわらず一夫一妻である例で、正確な個体識別と長期間の追跡をしなければ、わからなかったこと

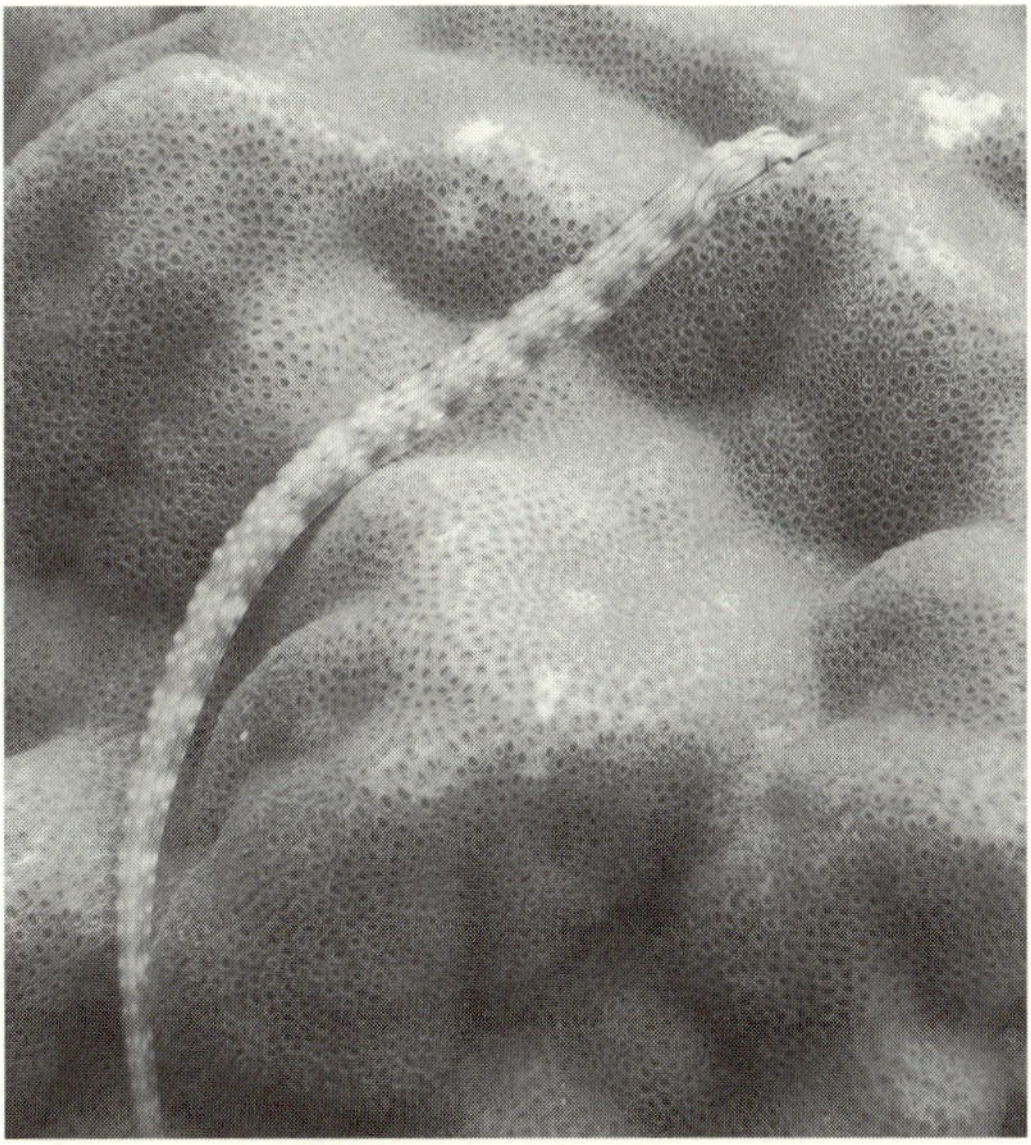

写真6-3　イシヨウジ

である。

ではなぜ、イシヨウジは一夫一妻を維持しているのか。子育てに両親が必要なわけでもなく、ペアでなわばりを守ることもしない。乱婚になってもおかしくはないが、繁殖しようとしたときに適当な相手（雄にとっては産卵直前の雌、雌にとっては子を独立させた雄）がうまく見つかる可能性が少ないとすれば、一夫一妻の契約をしておいたほうがより確実に子供を残せるであろう。つまり、互いの繁殖周期を一致させて一夫一妻を継続したほうが、より効率よく繁殖できるということなのだろう。

ヨウジウオ科ではすべて雄が保育を担当するのに対して、それに近縁だとされているカミソリウオ科では雌が育児のうを持っている(図1-1(f)、写真1-6)。カミソリウオの配偶システムについては詳しい調査はまだないが、ペアで見られることが多く、雌の育児のうの中には発育段階の異なる卵が含まれているので、相手の雄と繰り返し繁殖する一夫一妻だと推定されている。カミソリウオは一般に密度が大変低いといわれ、雄と雌の出会うチャンスが少ないと思われる。したがって、常にペアで行動することにより、互いに配偶者を確保しているということかもしれない。

このように、一夫一妻になる理由としては、餌場などの共同防衛(チョウチョウウオなど)、生息場所の空間的限定性(クマノミなど)、子の防衛に両親が必要(カワスズメなど)、群れの他個体からの産卵時の邪魔をさける(クロホシイシモチなど)、繁殖周期の同調(イシヨウジ)、低密度(カミソリウオ)等々、さまざまな要因が考えられる。一夫一妻は単純そうで実は大変複雑な現象なのである。

一夫多妻(ハレム)

本書では、雄のなわばり内に雌が定住する場合を、一夫多妻(ハレム)と呼ぶことにする。ハ

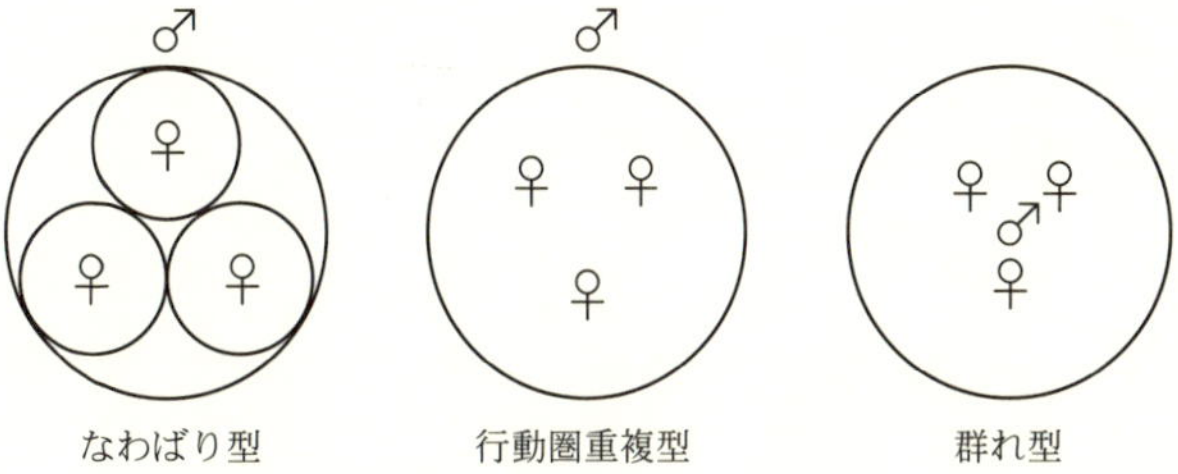

図6-3 ハレム構造の3タイプ

レムの雌たちの空間配置を見ると、三つのタイプに区別できる。すなわち、

A なわばり型ハレム
B 行動圏重複型ハレム
C 群れ型ハレム

である（図6-3）。まず、子の保護をしない魚を例にあげながら、各タイプを順に説明していこう。

なわばり型ハレムとは、ハレムの雌一匹ずつが互いになわばりをもつ場合をいう。すなわち、ハレムの主である雄のなわばりは、さらに雌それぞれのなわばりによって分割されている。チョウチョウウオ科では一夫一妻の種が多いとされるが、一部の種ではこのようなハレムが維持されている。ニザダイ科、トラギス科（ともに浮性卵）やキンチャクフグ類（沈性卵）でも、なわばり型ハレムになることが報告されている。

これらの雌同士のなわばりは、餌を守るためのものだといわれている。いずれも底生動物や藻類を食べる種類なので、一定の面積をなわばりとして防衛することにより、餌の確保が可能になると考えられる。

次に行動圏重複型ハレムの例としては、ホンソメワケベラがある。すなわち、ハレムの雌たちはふだん単独で行動するが、その行動圏は互いに重複している。ただし、一匹の雄のなわばりを、二つないし三つの雌たちのグループが分割して利用することもある。キンチャクダイ科でも同様のハレムをつくる種が多数知られており、これらもホンソメワケベラ同様、雌性先熟である。

一方、性転換しない、雌雄異体のハコフグ科の魚でも、行動圏重複型のハレムが知られている。これらでは、なわばりをもてないアブレ雄が存在する。先の例と同様、ハコフグ科も浮性卵を産む。似た構造のハレムをもちながら、どうして性転換をしないのか、まだよくわかってない。

次に第三のタイプ、群れ型ハレムの例をあげよう。これは雌たちがふだんから群れ、あるいは群がりをつくって定住する場合をさす。これまで知られている例は、ハタ科のキンギョハナダイやキンチャクダイ科のヤイトヤッコなど、プランクトン食の魚である。これらも雌性先熟の性転換を行い、浮性卵を産む。一般にこれらの群れ同士は互いに分散しており、雄同士のなわばりは接していない。

これらでは群れが大きくなると、二匹以上の雄が出現することがある。もはや、雌が性転換するのを抑え切れなくなるのである。例えばキンギョハナダイでは、群れの個体数が一〇匹を超えると、しばしば複数の雄が出現する。この雄たちは、産卵時刻(日没直前)になると、ふだんの群れの摂食域の中心にある岩の上部で、それぞれが小さななわばりをかまえる。そこに群れの雌を呼び入れて産卵させる。これは一つの群れの中での出来事だが、なわばり訪問型の配偶システムに近いといえよう。

一夫多妻における見張り型保護

さて次に、子の保護を行い、一夫多妻になる場合を見よう。まず、見張り型保護をする魚では、カワスズメ科の一部に、なわばり型ハレムになるものがある。これらでは、子の世話は主に雌の仕事であり、雄は自分のなわばり全体をパトロールして、他の雄から防衛する。この場合、雌たちは基本的に、自分の巣の周りを子の捕食者から防衛するだけであり、必ずしも摂食なわばりとして互いに接しているわけではない。

サンゴ礁にすむモンガラカワハギ科の魚にも、なわばり型ハレムを形成する種がいる。ツマジロモンガラやムラサメモンガラなどである。これらの雌は互いに接したなわばりを維持し、おのおのその中で底生動物を食う。雄は三匹前後の雌のなわばりを囲むなわばりをもつ。雌はそれぞれのなわばりの中に、砂を掘って巣をつくり、産卵する。ここでも、子の保護は雌が担

写真6-4　ムラサメモンガラの卵保護中の雌

当する。ただし、早朝産卵して夕方孵化するまでの、わずか半日ほどで保護は終わる。卵の防衛のため他の魚を追い払う範囲は、ふだんのなわばり（摂食域）のごく一部分にすぎない。

一方、モンガラカワハギ科の中でも、プランクトン食のアカモンガラは、群れ型ハレムをもつ。一匹の雄が十匹あまりの雌を独占するが、この雌たちの産卵日は同調しており、直径五メートルくらいの範囲に集まって、互いに近接した巣をつくる。この種でも卵保護は雌が行い、巣の周辺（直径一メートル程度）を互いに防衛する。雄はこの雌たちの巣全体を含む範囲をパトロールする。

このように、一夫多妻で見張り型保護を行う場合には、一般に雌が保護を担当する。

図6-4 アカモンガラの卵保護中の雌たちとパトロールする雄

体内運搬型や体外運搬型の保護をする魚では、ここで述べたようなタイプの一夫多妻は知られていない。海産の胎生魚、カサゴでは、一夫多妻的な空間配置が見られるが、小さい雄も大きい雄のなわばり内に共存を許され、しかも交尾のチャンスも皆無ではないという。

以上、一夫多妻（ハレム）の例を紹介してきたが、では、これらの魚はどうして一夫多妻になるのだろうか。まず共通するのは、雌が定住的であるということ、そして、程度の差はあれ集合している（なわばりの隣接・行動圏の重複・群れ形成）ということである。雌があちこちに分散している状況では、ある雄が複数の雌を独占しようとすれば、広いなわばりをもたなければならず、それを他の雄から防衛することは大変困難であろう。

一方、群れも大きくなりすぎると、一匹の雄が支配するのは難しくなる。その場合は例にもあげたような、なわばり訪問型になったり、乱婚になったりする。また、行動圏重複の場合でも、各雌の行動圏が広すぎると、もはや雄はそれを支配することができなくなる。

一妻多夫

ペア産卵に他の雄が飛び込んできて放精するスニーキング（ストリーキング）や、一尾の雌を複数の雄が追尾して同時に放精するグループ産卵（群れ産卵）のことを「一妻多夫」と呼ぶ人もいる。確かに、産卵の瞬間だけを見れば一妻多夫になっており、そういう意味では、体外受精する魚類では一妻多夫はごく普通に見られる現象だともいえる。ただし、ここでは一回の産卵だけでなく、一繁殖期間を通しての配偶関係をタイプ分けしているので、これらは一妻多夫とは呼ばない。スニーキングやグループ産卵では次の繁殖のときには配偶相手を変えることが多いので乱婚になる。

繁殖期を通して一妻多夫の関係が維持されるのは、カワスズメ科のところで紹介したタンガニイカ湖のジュリドクロミス・オルナトゥスなど、ごく一部の種に限られている。これらでは一夫一妻で両親が見張り型保護をするケースが多いが、大型雌が複数の巣をカバーするなわばりをもって一妻多夫になった場合には、主に雄が保護を担当する。一方、繁殖ペアに雄のヘルパーがついて一妻多夫になった場合には、雄だけでなく雌も保護を担当している。

もう一つのケースとして、深海にすむオニアンコウ科の魚も一妻多夫かもしれない。これらの雄は雌に比べて著しく小さく、矮雄と呼ばれ、雌の体側面に口部で癒合して寄生生活を送る。一匹の雌に複数の雄が寄生していることがあるので、一妻多夫の可能性はあるが、実はどのように産卵・受精するのかはわかっていない。卵保護は見られない。なお、これらの雄の寄生生活は、配偶者と出会うチャンスが少ないという条件のもとで発達したものと思われる。

なわばり訪問型複婚と見張り型保護

雄から見れば一夫多妻であっても、雌たちが雄のなわばりに定住していない場合がある。雄がなわばりをかまえ、雌がそこを訪れて産卵(あるいは交尾)して出ていく場合を、まとめて「なわばり訪問型」の複婚と呼んできた。

子の保護をしない場合については、浮性卵あるいは沈性卵を産むベラ科や、淡水のタナゴやメダカの仲間にも、雄が産卵場所を守るなわばりをもち、雌たちを次々に誘い込んで産卵させるものがある。沈性卵が石のすき間や、生きた二枚貝(タナゴ類)に産み付けられ、直接の保護は雄も雌も行わない。

見張り型保護を行う種の大部分も、このタイプである。スズメダイ科、ハゼ科、イソギンポ

写真6-5　イタセンパラの産卵前のペア。雌 (左) が産卵管を伸ばして左下にある貝に産卵しようとしている (小川力也撮影)

科などの海産魚、あるいは、トゲウオ科、サンフィッシュ科（ブルーギルなど）、カジカ科などの淡水魚でも、雄が産卵床(巣)を準備し、その周りをなわばりとして防衛する。雌たちはそこを訪れ、産卵しては出ていき、卵（および仔稚魚）の世話は雄のみで行う。

これらでは、雌も複数の雄の巣を訪れて産卵することが知られ、雌から見ても複婚である。しかし、淡水カジカ類では繁殖期が限られているため、雌は一繁殖期に一回しか産卵せず、それをすべて一匹の雄の巣に産むという。つまり、この場合は雌から見れば単婚である。一方、雄は次々に雌を受け入れ、複数の雌の卵塊を同時に守るので一夫多妻的である。

なわばり訪問型で雄のなわばりが集合している場合は、これまでしばしば「レック」と呼ばれてきた。しかし、魚類でこの用語を使うのが適当でないことは、すでに第5章で詳しく説明しておいた。さらに付け加えると、交尾するもの以外では、雄のなわばりは同時に産卵(および育児)場所でもあり、いわゆる「資源防衛型一夫多妻」(餌や隠れ家など、雌にとって重要な資源を含む場所を守ることによって、雌を引き付ける)の特徴をもっている。

また、この資源防衛型一夫多妻に対して、「雌防衛型一夫多妻」(雌たちを直接防衛する)を区別することも鳥類などでは行われているが、先に述べた魚類の一夫多妻(ハレム)では雄と雌が常時共存しているので、場所(資源)を守っているか、雌を守っているかの区別は容易ではない。要するに、鳥類や哺乳類を念頭において提案された、「雌防衛」、「資源防衛」、「レック」というような一夫多妻のタイプ分けは、魚類には適用しにくいのである。

なわばり訪問型複婚と運搬型保護

交尾・体内受精する体内運搬型の魚では、これまで配偶システムが詳しく調べられているもののほとんどは、なわばり訪問型複婚である。淡水の胎生魚カダヤシ科や、海産のウミタナゴ科(胎生)やカジカ科アナハゼ類(卵生)など、いずれも交尾期になると、雄がなわばりをかまえ、そこを訪れた雌と交尾する。交尾をすませた雌はなわばりを出て、別の場所で産卵あるいは仔

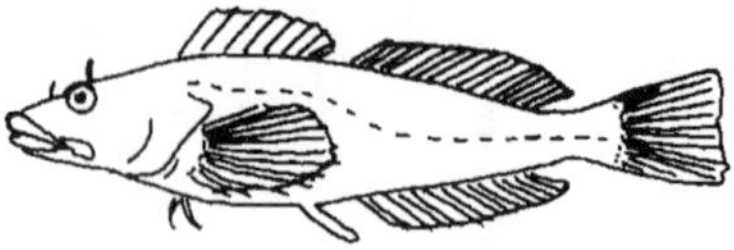

図6-5 アナハゼの雄。生殖突起が交尾器になる

稚魚を出産する。アナハゼ類では、交尾した雌はホヤ類を探し、その体内に卵を産み付ける。ホヤ類に卵保護をさせるのである。

これら交尾する魚でも、無保護や見張り型保護のなわばり訪問型の魚と同様に、なわばりをもてない小型雄によるスニーキング（盗み交尾）が知られている。

体外運搬型にも、なわばり訪問型のタイプがいる。詳しく調べられているのは、先に紹介したカワスズメ科の口内保育魚である。これらも雄がなわばりをもち、そこを訪れた雌は産卵し、卵をくわえて出ていく。ここでも一部の種に、スニーキングする雄の存在が知られている。

ここで注目したいのは、体内運搬の場合と同様、体外運搬でも保護者は雌であるということだ。つまり、同じなわばり訪問型という配偶システムであっても、運搬型保護では雌が、見張り型では雄が、保護を担当するという違いがあるのである。

乱婚

最後に、これまで述べた四つのタイプ以外の配偶システムを、まとめて「乱婚」として紹介する。もっとも、四番目のなわばり訪問型でも、乱婚(雄・雌いずれから見ても複婚)になる場合がしばしばあることは、すでに述べたとおりである。したがってここでは、繁殖に際して雄がなわばりをもたない場合を扱うことになる。この乱婚は、産卵単位集団の構成から見ると、二つないし三つのタイプに区別できる(複雌複雄・単雌複雄・ペア)。

まず、群れ産卵(グループ産卵)について述べておこう。多数の雄と雌が産卵場所に集合して、放卵放精し体外受精する場合である。このような産卵集団は多くの魚で知られている。ふだんから群れで行動するニシンやイワシ類。ふだん単独行動ながら、大潮の満潮前になると波打際に押し寄せて産卵するクサフグ。それまでの単独採食なわばりを捨てて、産卵場所に集合するアユ。あるいはサンゴ礁のハタ科、ニザダイ科、チョウチョウウオ科、ベラ科、ブダイ科などでも、群れ産卵を行う種がいる。

ただし、群れ産卵といっても実際には全員が同時に放卵放精するものではない。詳しい行動観察が報告されている例では、一匹あるいは少数の雌と多数の雄の間での放卵放精が、集団の中のあちこちで、また一定時間内に何度も見られることが多い。例えばその例はベラ科でも紹介したとおりである。すなわち、一回の受精に注目すると一妻多夫的であるが、雄はその集団中で繰り返し放精できるので、結局は乱婚になっている。

このような群れ産卵を行う魚で、卵保護を行うものは知られていない。一定範囲の場所で多

写真6-6　サケの産卵（桑原禎知撮影）

数が産卵するため、雌にとっても雄にとっても、自分の子を特定しづらいという事情によるものと思われる。ただし、群れが小さく、ただ一匹の雌と複数の雄からなる集団であれば、雌は自分の子を特定できるだろう。

群れ産卵と呼ぶには集団が小さすぎるが、サケ科では一匹の雌に複数の雄が寄り添って放卵放精する場合がよくある。まず、雌が産卵場所を決め、川底を掘って産卵床をつくる。そこに雄たちが集まってくるが、その中で最大の雄が雌のそばに陣取り、他の雄を追い払う行動をとる。この大きな雄と雌のペアで産卵することもある。しかし、小さい雄たちも、ペア産卵が始まると同時に飛び込んで、スニーキングすることができる。この雄たちの間でも、大型個体ほど雌の近くに位置し、受精の可能性が大きいようだ。

産卵後、受精卵は砂利の間に埋め込まれる。何回かに分けて産卵する種では、雌は産卵後、場所を変えてまた産卵床をつくり、そこにまた（別の）雄たちが集まってくる。雄も雌も卵保護はしない。

ところが、一回ですべての卵を産んでしまう種類には、産卵後も雌がとどまり、そこを守る行動をとるものがある。つまり、雌が卵の見張り保護をしているとみなせる。一方、雄はまた別の雌を探しにいく。実は、これらの雌は産卵ののち二～三週間で死んでしまう。その間、何もしないよりは卵保護したほうがよい（適応度が上がる）ということから、雌による卵保護が発達したのではないかと考えられている。

このサケ科の場合、雌は産卵床を（産卵前でも）同種・他種に対して防衛するので、先に述べたなわばり訪問型の雄と雌の立場を入れ替えたものとみなすこともできよう（雌なわばり・雄訪問型）。大型雄もなわばり行動を示すが、それは産卵直前の雌そのものを他の雄から防衛するものであり、産卵場所をあらかじめ守っているわけではない。もし、雄が好適な産卵場所をなわばりとして防衛したとしても、このような埋め込み型の産卵では、そこは一度しか使えないと考えられる。先に述べたなわばり訪問型での雄のように、同じ巣で複数の雌の卵を同時に守ることはできないのである。これが、サケ科において雄の産卵場所を守るなわばりと卵保護が発達しなかった主な要因であろう。

一方、一匹の雄と一匹の雌がペア産卵を行う場合にも、乱婚になるものがいる。カリブ海にすむベラの一種では、雄も雌もなわばりを防衛せず、単独行動で多数個体の行動圏が重複している。出会った雄と雌がペア産卵(体外受精・浮性卵)しては別れ、乱婚的であるといわれている。

先に一夫一妻のところで紹介したテンジクダイ科の口内保育魚でも、特にふだん単独生活をする種は、乱婚的なペア産卵をする。これらでは、どちらかといえば雌が雄のいるところにやってくる傾向があるが、雄がなわばりをもっているわけではなく、雄も雌も移動して出会い、産卵することもある。

同じく口内保育を行うアゴアマダイ科の魚は、ふだん単独で砂礫底に穴を掘ってすんでいる。隣同士のペアで繰り返し産卵する場合と、乱婚的な場合があるといわれている。

この二科ではいずれも雄だけが口内保育を担当する。しかし、雌のみが体外運搬する魚でペア産卵・乱婚型になるものがないと言い切れるほど、それらの配偶システムが調べられているわけではない。また、体内運搬型の魚についても同様である。ただ、先に述べた海産のカジカ科のうち、サラサカジカの雄はなわばりをもたず、雌を探し回って交尾するという。また、前に少し触れた胎生魚カサゴも乱婚的だといえよう。

配偶システムと保護者の性

魚の配偶システムを五つのタイプ、一夫一妻・一夫多妻・一妻多夫・なわばり訪問型複婚・乱婚、に分けて紹介してきた。このタイプ分けは、繰り返しになるが、雄と雌の配偶関係だけでなく、空間配置も考慮したものである。

この五つの配偶システムと、子の保護を行う際の担当者の性（父か母か両親か）との対応関係を整理すると、次のような傾向が認められた（表6-1）。

一夫一妻では、卵のみを保護する場合は見張り型でも体外運搬型でも父親が担当し、孵化後の仔稚魚も見張り型保護する場合は両親が協力することが多い。母親のみによる保護はカミソリウオの体外運搬しか知られていない。

一夫多妻（ハレム）では、見張り型保護をする場合しか知られていないが、母親のみが担当する傾向がある。

一妻多夫では、見張り型保護をする場合しか知られていないが、主

表6-1 配偶システム・保護方法と保護担当者

配偶システム	見張り型	体外運搬型	体内運搬型
一夫一妻	父/両親	父（母 稀）	−
一夫多妻（ハレム）	母	−	−
一妻多夫	父/両親	−	−
なわばり訪問型複婚	父	母	母
乱婚	母	父	母

に父親が担当する傾向がある。

なわばり訪問型複婚では、見張り型保護をする場合は父親が、体内および体外運搬型保護をする場合は母親が担当する。

乱婚では、見張り型保護をする場合は母親が、体外運搬型保護では父親が、体内運搬型保護では母親が担当する傾向があった。

このように、ある程度はっきりした傾向が認められた。この対応関係のもつ意味については、次章で詳しく検討することにしたい。

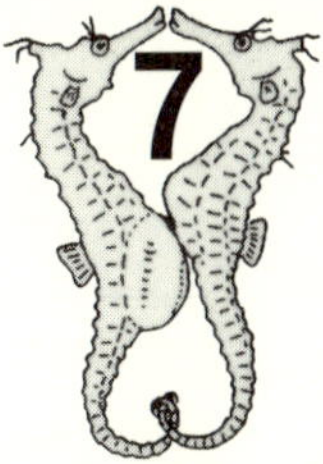

7 誰が子育てすべきか

子育てのゲーム

この最終章では、これまで紹介してきた魚類のさまざまな繁殖様式を踏まえ、子育てを担当する親が父か母か両親かということが、どのような要因・条件によって決まっているのかを検討してみよう。

まず第2章で述べた基本理論を復習しておこう。子育てとは子の生存率を高める工夫にほかならないが、そうすることにより将来の繁殖可能性が低下する恐れもある。結局、自らの適応度（子孫の数）を大きくすることにつながる場合にのみ、子育てが進化する。その際、雄と雌には、小さい精子をたくさんつくるか、大きな卵を少しつくるかという基本的な違いがある。したがって、雄にとってはいかに多くの雌を手に入れ、より多くの卵に受精するかということが、

表7-1　子育てのゲーム

(a) ゲームの利得表

雄の利得：雌の利得		雌	
		保護する	保護しない
雄	保護する	$vP_2w : vP_2$	$VP_1w : VP_1$
	保護しない	$vP_1W : vP_1$	$VP_0W : VP_0$

ただし，表中の各変数は以下のように定める。

子の生存率：　保護なし P_0，片親保護 P_1，両親保護 P_2 $(0 \leqq P_0 \leqq P_1 \leqq P_2 \leqq 1)$

雌の産卵数：　保護なしだと V，保護するると v $(v \leqq V)$

雄の配偶者獲得数：　保護なしだと W，保護するると w $(w \leqq W)$

(b) 保護担当者の進化条件

両親保護：	$vP_2 > VP_1$	かつ	$P_2w > P_1W$
父親保護：	$vP_2 < VP_1$	かつ	$P_1w > P_0W$
母親保護：	$vP_1 > VP_0$	かつ	$P_2w < P_1W$
保護なし：	$vP_1 < VP_0$	かつ	$P_1w < P_0W$

一方、雌にとってはいかに多くの卵をつくれるかということが、繁殖成功度の上昇につながるのである。そもそも、この違いがあるからこそ、子育てにおける雄と雌の不平等が生じてくる。

　さらに、子育てすべきか否かは、相手（配偶者）がどういう行動をとるかによっても影響される。相手がやってくれるなら、自分はしなくてもすむかもしれない。相手の出方次第で、自分のとるべき最善の行動が変わることは、子育てに限らず、個体間の社会的交渉においてはよくあることである。

　このような社会関係における行動の進化の仕組みについては、イギリスの数理生物学者メイナード＝スミスが、数学のゲーム理論を用いて明快に説明している。子育ての進化に関する基本モデルを紹介しておこう（表7-1）。

先ほど述べたように、雌雄の繁殖成功に影響する基本要因は、子の生存率、雌の産卵数、雄の配偶者獲得数であるが、これらの値は、子の保護をするか、しないかによって異なる可能性がある。それぞれの単位時間当たりの値を考えてみると、子の生存率は、保護なしのとき（P_0）、片親によって保護されるとき（P_1）、両親によって保護されるとき（P_2）の順に大きくなる可能性がある（$0 \leqq P_0 \leqq P_1 \leqq P_2 \leqq 1$）。一方、雌の産卵数は、自分が保護を担当すると（$v$）、保護しないとき（$V$）より減少してしまう可能性がある（$v \leqq V$）。雄の配偶者獲得数についても、同様に保護を担当すると減少する可能性がある（$w \leqq W$）。

これらの要因を考慮したときの、子の保護をする場合としない場合の雌雄それぞれの繁殖成功（単位時間当たりの子孫の数）を表7-1(a)に示した。例えば、子の保護をする雌が、やはり保護する性質をもった雄と配偶した場合には、その雌の繁殖成功は、産卵数vに子の生存率P_2を掛けたもの（vP_2）になる。その際の雄の繁殖成功は、これに獲得できる雌の数wを掛けた値（vP_2w）となる。

この表で、どういう行動をとる相手と組んで繁殖するかによって、値（式）が異なることに注意してほしい。そこで、雌雄それぞれについて、保護する場合としない場合の繁殖成功を比較することにより、どのような条件のもとで、両親、雄あるいは雌による子の保護が進化するかを予測することができる（表7-1(b)）。

例えば、雄のみによる子の保護が進化するのは、表7-1(a)の雌の繁殖成功が「$vP_2 < VP_1$」で、雄の繁殖成功が「$VP_1w > VP_0W$」のとき、すなわち「$vP_2 < VP_1$ かつ $P_1w > P_0W$ が成り立つときである（表7-1(b)）。この条件が満たされるのは、子の生存率が両親で保護しても片親のときとあまり変わらないが、保護しないときと比べるとずっと高く（$P_2 = P_1 > P_0$）、また、雌の産卵数が保護することにより、うんと減少し（$v < V$）、雄の配偶者獲得数が保護しても、しなくてもあまり変わらないとき（$w = W$）だといえる。

つまり、最初にあげた三つの要因がどのような値をとるかによって、雌雄いずれが子の保護を担当するかが決まるのである。もっとも、これらの具体的な数値を、ある動物で実際にすべて測ることはほとんど不可能である。実験的に保護者を取り除いたり、繁殖性比を変えたりして、一部の要因の影響の仕方を調べることができるだけである。しかし、前章で見てきた配偶システムと保護担当者の性に一定の対応関係が生じる理由については、このモデルを使うとうまく説明することができる。

配偶システムと性役割

雄にとっての配偶者獲得数（$w \leqq W$）は、どのような配偶システムで繁殖しているかによって当然影響を受ける。それぞれの配偶システムについて検討してみよう。

一夫一妻の場合は、雄にとっては二匹目の配偶者が手に入らない状況であるから、子の保護をしてもしなくても、配偶者獲得数は変わらない（$w=W$）。そのような状況であれば、相手（雌）が子の保護をする場合でもしない場合でも、雄は自分で保護を担当したほうが繁殖成功は大きくなる可能性がある（表7-1(a)の雄の繁殖成功が$vP_2w>vP_1W$, $VP_1w>VP_0W$）。

一方、雌にとっては保護すると産卵数が減少する可能性があるため（$v<V$）、両親による保護が片親による保護に比べて子の生存率をうんと上昇させる場合（$P_2>P_1$により$vP_2>VP_1$）以外は、保護しないと予想される。実際に、孵化後の仔稚魚も両親で見張り型保護する場合は、実験的に片親にすると子の生存率が低下することが確かめられている。一方、片親でも子の生存率はあまり変わらない（$P_2=P_1$）と予想される卵保護だけの場合には、見張り型保護でも体外運搬型保護でも父親が担当している。それによって配偶者（雌）の産卵数の減少を防ぎ、結果的に雄にとっても繁殖成功が上がることになるからである。

一夫多妻（ハレム）の場合には、雄にとっては子の保護をすることにより、配偶者獲得数が著しく減少してしまう可能性が高い（$w<W$）。例えば、なわばり型ハレムをもつムラサメモンガラなどでは、ある雌のなわばり内で産まれた卵を雄が保護しようとすると、他の雌たちのなわばりをパトロールすることができず、その結果その雌たちを隣の雄に奪われる可能性が高い。

一方、雌は卵の見張り型保護をしながら、なわばり内で摂餌することもできるので、産卵数の減少を押さえることができる（$w = W$）。こういう状況であれば、母親だけによる保護が進化するとモデルから予測できる。

一妻多夫の場合はこの逆で、雄にとっては一夫一妻の場合と同様に、二匹目の配偶者が手に入らない状況であるから、子の保護をしてもしなくても、配偶者獲得数は変わらない（$w = W$）。一方、雌にとっては子の保護をすることによって産卵数が減少する可能性があるのなら、複数の雄に卵保護を任せたほうがよいことになる。

なわばり訪問型複婚の場合は、保護方法が見張り型か運搬型かによって、雄の配偶者獲得数が大きく変わってくる。運搬型の場合は、もし雄が担当したとしたら、せっかく複婚になれる可能性があるのに、次の雌の卵を口内や育児のうに受け入れることが物理的に不可能になり、配偶者獲得数が著しく減少してしまう（$w < W$）。したがって、母親による運搬型保護しか進化しないと予測される。

一方、なわばり訪問型複婚で見張り型保護が進化する場合には、雄は一つの巣で複数の雌が産卵した卵を同時に保護することができるので、配偶者獲得数が減る心配はない（$w = W$）。したがって、父親だけが保護を担当することになる。

最後に乱婚の場合については、雄にとってどの程度複婚になれる可能性があるかによって、モデルの予測は変わってくる。雄による体外運搬型保護が進化するのは、雄にとって複婚になれる可能性がほとんどない場合だと考えられるが、具体的に検討できる資料はない。一方、サケのように川底を掘って卵を埋め込む場合は、一箇所に複数の雌が連続的に産卵することはできないので、雄は他の雌が手に入る状況であれば、卵保護をしないと予測できる（$w < W$）。そして、雌が一回の産卵で死んでしまうなら、卵保護しても次の産卵数への影響は関係ないので（$w = W$）、雌による見張り型保護が進化すると予測できる。

系統的制約

ゲームモデルを踏まえて、配偶システムが性役割の決定に大きく影響することを説明してきたが、ある種において具体的にどのような子の保護が進化するかは、それだけで決まるものではない。その種のもつ「系統的制約」、つまり進化経路・歴史によって、とりうるレパートリーが限られてくることがある。

例えば、陸上にすむ鳥類や哺乳類では、魚類とは違い、体外受精はできない。空気中に放卵放精しても、精子は卵まで泳いでいけないという物理的制約があるからである。胎盤をもつ哺乳類は、交尾して妊娠し、そして出産後の子に雌が授乳するという性質をグループとして共有している。つまり、哺乳類というグループにおいて、誰が子育てをするかを考える際には、こ

写真7-1　ヒナに給餌するアカモズの親鳥（内田博撮影）

れらの性質を前提条件（系統的制約）として出発せざるをえない。妊娠そのものもすでに子育て（体内運搬型保護）であるから、雄だけによる子育ては哺乳類では系統的にありえず、雌だけか、両親協力するかのいずれかしか選択肢はないのである。

一方、鳥類では、交尾をするが、哺乳類と比べると比較的短時間のうちに受精卵を産み出す。その後の保護は主に抱卵とヒナへの給餌であり、これらは雌でなければできないというものではない。実際、これらのすべてを雄が引き受ける一妻多夫の種もいれば、雌だけが担当する一夫多妻の種もいる。

しかし、九割以上の鳥たちは両親が協

力して子育てする一夫一妻である。これは、子の生存率が片親か両親かで著しく異なるためだと考えられている。そしてここでも、空を飛ぶという鳥類の性質が系統的制約になっているとみなすことができる。卵から孵化したヒナがいきなり空を飛び、自力で餌をとるのは不可能に近い。そして、そのヒナに対して餌を運び、敵から守るという仕事は、片親だけでは十分にこなせないのである。一方、片親だけによる保護が見られるのは、地上に営巣して孵化したヒナが親の後について歩き、自力で餌をとれるような種に多いのである。

では魚類は、鳥類や哺乳類と比べて、系統的にどのような制約をもっているのか。まず、当然のことながら、魚類は水中にすみ、したがって体外受精が可能である。すでに述べたように、九割以上の魚類が体外受精を行っていた。

交尾(体内受精)の場合には、雄は雌に精子を渡してしまうと、そのまま「やり逃げ」するチャンスがある。これに対して体外受精では、もし雌が卵を出したあと雄が放精するという順番だとしたら、雌のほうに「産み逃げ」するチャンスがある。そうだとすると、卵の保護は残された雄が担当するしかなく、魚類で父親による保護が多いことが説明できる、という仮説が提出されたことがあった。

しかし、魚類では、この順序で放卵放精しても雌が保護を担当する場合もあるし、実際には、卵と精子をほぼ同時に放出するケースが多い。つまり、「やり逃げ」も「産み逃げ」もしにくく、この点では、子の保護に関して雄も雌も対等な立場におかれているとみなすべきである。

もう一つ、体内受精と体外受精のもたらす違いとして、「父性の信頼度」がしばしば論じられてきた。体内受精の動物で、雌が複数の雄と交尾する可能性があるとき、雌は産まれた子が自分の子であることに確信がもてるが、雄はそれが自分の子であるかどうか確信がもてない。もしそれが他の雄の子であれば、それを育てたところで自分の遺伝子が残るわけではなく、雄の保護行動は進化しにくいと考えられる。

一方、体外受精の場合、ペアで産卵する限りにおいては、雄もそこにある受精卵が自分の子であると確信できる。そうだとすると、体内受精より体外受精のほうが、雄による子の保護が進化しやすいと考えられる。しかし、体外受精する魚類でも、ペア産卵中に他の雄が飛び込んできて放精する、スニーキングが見られ、そのような状況にある種においてさえ、雄による子の保護が発達している。

実際には、父性の信頼度は受精様式そのものによって決まるものではなく、配偶システムによって決まるものである。体外受精だから父性の信頼度が高く、体内受精だから低いとは一概にいえないのである。さらに、父性の信頼度が必ずしも一〇〇%でなくとも、父親による子育てが進化しうることが、理論的に確かめられている。

軟骨魚類のように交尾・体内受精することが、そのグループ全体の共通の特徴になっている場合には、体内受精が系統的制約となって、雄による保護が進化しにくいといえるだろう。それに対して体外受精する場合には、誰が保護を担当するかに関して基本的に雌雄は対等であり、配偶システムに応じて性役割が決まってくると考えられる。

見張り型保護の進化

それぞれの種における系統的制約というものを考えてみると、ある保護方法が進化する際に、祖先がどのような配偶システムと保育様式をもっていたかが、新たな保護者の性の決定に大きく制限を加えるはずである。そこで、各保護方法の起源を推定してみよう。

まず、見張り型保護の進化を考える。最初に出現した魚類、無顎類は体外受精で産み放し、つまり無保護であったと推定される。見張り型保護はそのような産み放しの祖先から進化したと一般に考えられている。

すでに述べたように、複数の雌雄が入り乱れるような群れ産卵では、雄にとっても雌にとっても、どれが自分の子か特定できないので、卵保護は発達しないと思われる。子の保護が発達するとすれば、スニーキングの有無はともかく、ペア産卵を行っていた場合であろう。

また、浮性卵であれば水に漂い拡散していくので、これを守るのは困難である。水面に浮かぶ水草などに付着すれば可能であろうが、実際にそのような浮巣で浮性卵を守る魚はたった三科にすぎない。多くの場合、水底に沈性卵を産む祖先から、見張り型保護が発達したと考えてよいだろう。

保護しない段階でも、産卵場所を選ぶ行動があったに違いない。ただ砂底や岩盤の表面にまき散らすよりは、石の間や植物などに産み込んだほうが、敵に見つかりにくく、子の生存率が高くなる可能性がある。また、水通しの良さ(酸素量)や水温など、卵の発育に影響する条件も関係してくる。

そのような好適な場所が限られているとすれば、あらかじめその場所を他個体から防衛するなわばり行動が発達すると考えられる。では、誰がなわばりを張るのか。

すでに何度か述べたように、雌にとっての子孫の数は、自分がどれだけの数の卵を産むかによって決まるのに対して、小さな精子をたくさんつくる雄においては、何匹の雌を獲得し、その卵に受精するかによって決まる。そうすると、雄があらかじめ好適な産卵場所を守るなわばりをもてば、そこには多数の雌が訪れ、その雄の繁殖成功は著しく高くなると予想される。ただしこれは、その産卵場所が繰り返し利用可能な場合の話である。

一方、雌では、産卵前からなわばりを守ることによる時間とエネルギーのコスト(例えばその間、摂食し続けた場合と比べての産卵数の減少)が、その好適な場所に産んだことによる卵の生存率の上昇に見合わないこともありうる。

したがって、子の保護をしない場合でも、その産卵場所が繰り返し利用できるなら、なわばりをもつのは雄であると考えられる。実際、無保護の種で雌が産卵場所を守るなわばりをもつのは大変稀で、そこが一回しか使えない場合だけである（例えばサケ科）。

さてここで、なわばり内に産み付けられた卵への捕食者が多い環境であれば、保護する必要が生じるだろう。それは当然、そのなわばりの主、つまり雄によって行われると考えられる。ただし、保護することによる生存率の上昇が、次の繁殖可能性の低下の程度を上回るならという条件付きであるが、見張り型保護では雄は複数の雌の卵を同時に守ることが可能であり、配偶者獲得可能性の低下というコストを被らないのである。

もちろん、雌にとっても雄が卵保護してくれたほうが都合がよい。もし仮に、雌が雄のなわばりにとどまり、卵保護に協力したとすると、その雌が次にきた雌を追い払ってしまう可能性があるので、雄にとっては必ずしも得ではない。

このように、なわばり訪問型の配偶システムをもった無保護の祖先から、見張り型保護が進化した場合、保護者は必ず雄になると予想され、それは第6章で述べた対応関係（表6-1）と一致する。

一方、無保護の魚の配偶システムは、なわばり訪問型複婚だけではなかった。もしそれが、一夫多妻（ハレム）であればどうなるだろうか。なわばり型ハレムをもつシマキンチャクフグなどでは、雌は自分のなわばり内に沈性卵を産み、保護はしない。もし雄が保護しようとしても、それぞれの雌のなわばり内に産まれた卵を、雄が同時に守ることは不可能である。もしどれか一箇所に限定したとしたら、その間に他の雌を他の雄に奪われる危険性がある。このように次の繁殖可能性が低下する状況では、雄による見張り型保護は進化しないと考えられる。実際、同じフグ目に属し、なわばり型ハレムをもつムラサメモンガラなどでは雌が見張り型保護を担当している。しかも、早朝に産んで夕方に孵化するという、極めて短時間の保護なので、なわばり型ハレムで無保護の祖先から進化した可能性が高いだろう。

祖先が一夫一妻であった可能性もある。すでに述べたように、一夫一妻であれば、ペア当たりの子孫の数を最大にするには、雌には子育ての負担をかけず、次々に多くの卵を産ませたほうがよい。つまり、雄が保護すべきである。さらに、孵化後の仔稚魚も保護するようになると、防衛効率の点から雌も協力する両親見張り型保護へと移行すると予想される。

このように祖先の配偶システムに応じて、見張り型保護が進化したときに誰が担当するかが決まると考えられるが、配偶システム自体も環境条件に応じて変化することがある。例えば、なわばり訪問型無保護の祖先から、雄による見張り型保護が進化したとしても、のちに配偶システムが一夫一妻に変化すれば両親見張り型保護へ、さらに一夫多妻に変化すれば雌見張り型保護へと移行するケースもありうるだろう。このような進化経路については、分類グループごとにDNAの比較に基づいて作成した分子系統樹を用いて推定されるようになってきた。例えばカワスズメ科では、両親見張り型保護から雌見張り型保護へと移行したケースが多いと推定されている。

体外運搬型保護の進化

体外運搬型保護は見張り型保護をする祖先から進化したと一般に考えられている。詳しく調べられているのは、第3章で紹介したカワスズメ科の場合で、これらの口内保育は見張り型保護から進化したと考えられている。

キノボリウオの仲間の口内保育も、雄が水面に泡を出して巣をつくり、そこに卵を埋め込んで見張るタイプから進化したと推定されている。雄が沈みかけた卵を口にくわえて泡巣まで運ぶ行動が、口内保育の起源だというのである。

また、卵塊に体を巻きつけたり、卵塊のすぐ上に接して見張るようなタイプから、体表面に付着させる体外運搬型保護が進化したと考える人もいる。

しかし、例えば口内保育にしても、必ずしも見張り型保護をへずに進化した可能性も否定できない。テンジクダイ科をはじめ、海にすむ口内保育魚では卵は互いにくっついた塊として産み出され、それがまだ雌の腹部についているうちに雄がくわえにいく。ここで思い出されるのは、メダカなどの一時的運搬である。雌が卵塊を腹部にぶら下げたまま、付着場所まで移動するとき、もし捕食圧が高ければ、それを口にくわえてしまうというのも一つの方法であろう。また、この雌の一時的運搬は、卵塊を腹面につけたまま長期間運搬する(ナマズの仲間)とか、腹鰭で包み込んでしまう(カミソリウオ科)というような、雌自身による体外運搬型保護の発達にもつながりうると考えられる。あるいは、雌が卵の付着場所として水草などではなく、雄の体を選ぶケースもあるだろう。

このように、体外運搬型保護にはさまざまなタイプがあり、それぞれの起源は異なる可能性がある。そして、どのようなタイプの祖先から進化したかによって、誰が保護を担当するかが違ってくると考えられる。今後、各分類グループにおいて、分子系統樹を踏まえた繁殖様式の進化経路の推定が進むことを期待したい。

体内運搬型保護の進化

体内受精による体内運搬型保護も、体外受精の無保護の祖先から進化したと考えられる。体外受精が可能な水の中で、どうしてわざわざ体内受精する必要があったのだろうか。

実は魚だけでなく、水中にすむイカ・タコ・巻貝・エビ・カニなどでも、交尾＝体内受精とみなせる現象が見られる。しかも、いずれの場合も、雄が精子を雌に渡し、その逆はない。つまり、なぜ体内受精するのかという問いに対しては、同時になぜ雄から雌へ配偶子を渡すのかということにも答えなければならない。

その基本的な理由は前に述べた、雄と雌の違いにある。すなわち、雄は小さい配偶子を、雌は大きい配偶子をつくる性である。まず、小さな配偶子ほど相手の体内に容易に入り込めると考えられ、さらに精子には運動能力もある。ふだんは体外受精を行う魚でも、求愛行動中に偶然、精子が雌の総排出口から入り込んで、体内受精が起こることも知られている(例えばメダカでも)。

もしこのようなことが起これば、雄にとっては水中に精子をばらまくのに比べ、少ない精子でより確実に受精できて有利であろう。一方、雌にとっては、もしその精子を体内にためておくことができるなら、産卵のたびに雄を探すという手間が省けて、これまた有利であろう。しかし、貯精器官をもたず、産卵のたびに交尾する場合もあるので、雌にとっての有利さには疑問が残る。

なお、雌が雄に卵を渡すタイプの「交尾」もあるとみなす人もいる。タツノオトシゴなどで雌が雄の腹部の育児のうに卵を産み込むケースであるが、本書では、この育児のうは厳密には体内とみなせないので、体外運搬型保護として扱ってきた。卵は大きいので雄の体内に入れることは不可能だが、体外に産み付けることは可能である。

つまり、体内受精も運搬型保護の一つのタイプであり、体外運搬型保護と合わせて、運搬型においてどちらからどちらへ配偶子を渡し、誰が保護を担当するか、という問題として考えるべきなのである。

すでに述べたように、体内運搬型の魚で、配偶システムが詳しくわかっているもののほとんどは、なわばり訪問型複婚であった。もし、無保護の祖先もなわばり訪問型であったとしたら、雌が体内運搬を担当すると考えられる。雄が同時に複数の雌の卵を運搬するのは困難であり、したがって運搬することにより次の配偶者獲得可能性が著しく低下するからである。なわばり訪問型複婚から体外運搬型保護が進化する場合でもまったく同じである。逆に、一夫一妻や繁殖性比が雄に片寄った配偶システムをもつ祖先からは、雌が運搬を担当する体内受精は進化しないと予想される。

ところで、鳥類や哺乳類と違って、体内受精する魚類では、出産後の子の保護は大変稀である。ごく一部の卵生種で卵保護が知られているだけである。このうちカラシン科では雌が卵の見張り型保護を行うが、なわばり訪問型の配偶システムをもち、雌は交尾後、別の場所にいって単独で産卵することから考えて、当然であろう。

陸上脊椎動物では、交尾して産卵・出産したのちも保護を続けるものがあるが、この二次的な保護者の性については次節で触れることにしたい。

誰が子育てすべきか

魚類の各保護方法の進化プロセスを推定しながら、保護担当者の決まり方を見てきた。そもそも、雄と雌の行動の違いをもたらす根本は、配偶子の大きさと数の違いにある。これを常に念頭におきながら、保護方法ごとに、配偶システムによって保護者の性が決まる仕組みを説明してきた。

この配偶システムと保護方法により保護者の性が決まるという仕組みは、魚以外の動物にも当てはまるはずである。それを確かめる、最もよい材料は両生類であろう。

両生類は三つのグループに大別される。アシナシイモリ類（約一六〇種）のすべてと、イモリ・サンショウウオ類（約三五〇種）の約九〇％は体内受精を行い、特に後者では雌が産卵後も卵の見張り型保護を行う例が多い。これに対して、カエル類（約三五〇〇種）の大部分は体外受精で、その約一〇％で卵（およびオタマジャクシ）の保護が見られる。魚類と同様に、見張り型保護とさまざまな体外運搬型保護（口内・胃内・背中・脚など）が見られ、担当者は雄、雌いずれのケースもあるが、両親による保護は少ない。

これらの保護を行う両生類の配偶システムについては、まだ詳しくわかっていない種類も多いが、雄による見張り型保護がなわばり訪問型に多いことは、魚と共通している。

残りの脊椎動物(爬虫類・鳥類・哺乳類)はすべて交尾・体内受精する。先にも述べたとおり、この性質が発達しない限り、陸上生活への進出は果たせなかった。

爬虫類の大部分は卵を産み、後の面倒はみない。ごく一部のヘビやトカゲに、胎生種や卵の見張り型保護をする種がいるが、孵化後の子も保護するのはワニ類だけである。保護は母親だけが担当する場合が多く、父親のみによる保護は見られない。一部のワニ類に両親による保護が見られるが、それらは雌による見張り型保護から移行したものだと考えられている。

鳥類と哺乳類については、これまでにも何度か触れてきた。鳥類では、産卵後の二次的見張り保護の担当者と配偶システムとの対応が、ずいぶん前から指摘されている。すなわち、一夫一妻と両親による保護、一夫多妻（ハレムのほかレックなどを含む）と雌による保護、一妻多夫と雄による保護という対応関係である。このうち一夫一妻と両親による保護をする種が九割以上を占めるが、その理由については先にも述べたとおり、ヒナへの給餌が片親だけでは十分にできないためだと考えられている。

鳥類に対して哺乳類では、交尾ののち体内運搬期間を延長する方向に進化し、さらに雌だけに哺乳という性質が発達した。哺乳が進化する際には、雌だけで子の保護を行っていたと推定される。哺乳類の配偶システムも、一夫一妻、一夫多妻（ハレム）、なわばり訪問型複婚（レック）、単独生活あるいは群れの中での乱婚などと多様であるが、雄が出産後の子育てに協力す

表7-2　脊椎動物の繁殖様式と保護担当者：グループ間比較

分類群	受精様式	繁殖様式	おもな保護担当者
鳥　類	体内受精	産卵→給餌	両親
哺乳類	体内受精	妊娠→授乳	母
軟骨魚類	体内受精	卵生／胎生	母（体内のみ）
硬骨魚類	＜10％体内受精	卵生／胎生	母（体内のみ）
	＞90％体外受精	＞20％保護	父

る種は大変少ない。

群れ生活するオオカミやリカオン（イヌ科）などでは、共同で狩りをして餌を分け合い、雄から子への給餌も見られる。一方、一夫一妻であれば、先にも述べた理屈から、雄が子育てに協力すべきはずだ。一夫一妻になる哺乳類は一割以下しかなく、そのうち雄が子育てに協力することが確かめられているのは、ヒトのほかジャッカルやキツネ（イヌ科）、南米にすむサル（マーモセット類）などごく一部に限られる。

ここでのヒトとキツネの共通点は、狩り（肉食）をするということである。つまり、妊娠中や授乳中の雌は狩りができないが、配偶者である雄が狩りをして得た肉を雌に分配すれば、体内の子の生存率を上げることにつながる。また、乳離れした子に肉を分配（給餌）することもできる。

一方、ゾウやウシなど草食獣の場合には、雄が交尾後も雌のそばにとどまっていたとしても、このような子への貢献はできない。したがって、雄は交尾後すぐに雌のそばを離れ（雌と子を見捨てて）、次の配偶者を探したほうが繁殖成功が上がることになる。その結果、母親だけが子の保護を担当することになる。

このように脊椎動物の中では例外的に、哺乳類は子育てにおける母親の負担が大きいことがわかる。しかし、その哺乳類の中でわれわれ人間は、父親も子育てに協力する条件が進化してきた例外的な種なのである。そもそも、「なぜ魚では父親による子の保護が多いのか」という疑問は、母親による保護があたりまえだという「哺乳類の常識」から出てきたものである。しかし、それぞれの種において誰が子育てを担当すべきかは、それぞれの種が進化してきた事情によって異なって当然なのである。

あとがき

この本は、一九八八年に海鳴社の「モナドブックス」の一冊として出版された『魚の子育てと社会 ― 誰が子育てすべきか』をもとに書き改めたものです。初版から二〇年近く経過していることから、新しい知見に基づいて事実関係を訂正・補足するとともに、章立ても一部変更して、より読みやすくなるよう表現を改めました。また、初版ではイラストのみを入れていましたが、具体的なイメージをつかんでもらいやすいように、今回は写真を追加しました。

ちなみに、一九八八年版の「あとがき」には次のようなことを書いていました。一部引用してみます。

『本書では、魚の社会と子育てを、行動生態学あるいは社会生物学と呼ばれる理論枠にのっとって紹介した。行動生態学の基本は、第一章（注：本書では第2章）でも紹介したとおり、どのような性質をもつ個体（遺伝子）が、より多くの子孫（コピー）を残すのかという基準で、さまざまな行動や社会の進化を説明するということにある。

「誰が子育てすべきか」という問題も、この基準で論じてきた。例えば、一夫一妻であれば、父親も子育てに協力すべきだというのが、そこで導かれた結論である。しかし、この結論をそのまま人間にも当てはめようというつもりは毛頭ない。

もちろん、人間の場合でも、ある性質をもった人が、より多くの子孫を残すと、結果的にその性質が人間全体に広まっていくことは同様である。その性質が遺伝的なものである限りにおいて。しかし人間社会では、このような遺伝子によるある行動パターンの伝達のスピードよりも、文化（学習）による「流行」のほうがはるかに早いのである。女が子育てに専念するか、逆に男が主夫業に専念するかは、その時代、その社会における「流行」であって、遺伝的に決まったものであるとは思えない。

私自身は、父親も子育てに協力すべきだと思っている。それは「多くの子孫を残す」ためではない。制度としての一夫一妻に従うか否か、またそれに従ったとしても、どこまで子育てに協力するかは、まったく個人の自由であろう。ただしその際、哺乳類としての人間の「系統的制約」を理解しておくことは必要である。もし、夫婦が対等に子育ての努力をしなければならないと考えたなら、哺乳類である人間の女性が、妊娠と授乳という大きな負担をかかえていることを踏まえ、男性はそれ相当の負担を引き受ける覚悟をしなければならないはずである。』

以上、読み返してみると、気恥ずかしくなる部分もありますが、当時は自分自身が子育ての真っ最中だったので、それなりの気負いがあったのではないかと思います。また、「社会生物学論争」(参考文献の『社会生物学の勝利』を参照)の余韻が残っている時代だったので、魚類で検討した議論を人間に当てはめることに対して、必要以上に慎重になっていたようにも思います。それから二〇年近くをへて、子育てを終え(子供が成人したという意味で)、人間の子育てについて当時よりも冷静に考えられるようになりました。それに関連した箇所は、例えば最終章の結びのあたりも、かなり書き直しました。ただし、理論の大筋については、変わっていません。

本書で紹介したさまざまな魚類の行動・生態については、本来ならそれぞれの箇所で、出典を明記すべきであったと思います。しかし、この本は魚類の専門家以外の方々にも読んでいただきたいと考えて執筆したものですので、読みづらくなるのを避けるため、ごく一部を除いて本文中での引用文献の表示は省略し、主な参考文献についてのみ、巻末に挙げさせていただきました。また、本書に引用した私自身の研究についても、野外調査ならびに原著論文をまとめる際には、たくさんの方々のお世話になりました。ここでは、一人一人のお名前は省略させていただきますが、皆様方に深く感謝いたします。

本書に掲載した写真の一部は、次の方々からお借りしたものです。掲載順に、赤堀智樹（カバー）、桑原禎知、瓜生知史、片野猛、和田佳穂里、原多加志、仲村茂夫、安房田智司、石田根吉、小川力也、内田博の各氏です。貴重な写真を提供していただき、ありがとうございました。

最後に、海游舎にはこれまでも『魚類の繁殖戦略（1、2）』、『魚類の社会行動（1～3）』の出版などでお世話になってきましたが、今回改訂版の出版を引き受けてくださり、多数の写真の手配についても尽力していただきました。本間さんご夫妻に深く感謝します。

二〇〇七年四月

桑村哲生

索　引

ア　行

アエクイデンス・パラグァイエンシス　59
アカモンガラ　116, 117
アカンソクロミス(・ポリアカントゥス)　66, 107
アゴアマダイ(科)　9, 126
アナハゼ(類)　121, 122
アユ　123
アロワナ類　10
泡巣　14, 143
育児のう　7, 9, 112, 145
イシガキスズメダイ　11
イシヨウジ　7, 110, 111
イソギンチャク　75, 76, 80, 81, 107
イソギンポ科　119
イタセンパラ　120
一時的運搬　144
一妻多夫　45-47, 104, 118, 119, 127, 134, 148
一夫一妻　38, 42, 46, 55-59, 67, 74, 76, 78, 104, 106-108, 110-112, 127, 133, 137, 142, 148, 149
一夫多妻　39, 47, 74, 80, 93, 96, 104, 112, 115-117, 127, 133, 141, 148
イバラトミヨ　11
イワシ　123
ウミタナゴ(科)　6, 121
エイ　2
オキタナゴ　6
雄間競争　48
オニアンコウ科　119
親子の対立　68

カ　行

カエルアンコウ科　7
カクレクマノミ　76
カサゴ　117, 126
カジカ(科)　6, 120, 121
カダヤシ科　121
カッコウ　64
カッコウナマズ　63, 64
カミソリウオ(科)　7, 9, 112, 127, 144
カラシン科　6, 146
カワスズメ(科)　9, 19, 31, 57, 62, 107, 115, 118, 122, 148
カワハギ　10
カワヤツメ　2
キアソファリンクス・フルキフェル　49
キノボリウオ　143
給餌　27, 54, 136, 148
キンギョハナダイ　114, 115
キンチャクダイ科　114
キンチャクフグ　113
ギンポ　12
クサフグ　123
クセノティラピア・フラビピニス　57
グッピー　6
クマノミ　75, 78, 80, 106
グループ産卵　16, 89, 118, 123
クロイシモチ　110
クロソラスズメダイ　70
クロホシイシモチ　108, 109
クロミドティラピア・バテシイ　59
系統的制約　135, 139
ゲーム理論　130

血縁選択　24, 43
血縁度　24, 25
血縁判定　45, 47
硬骨魚類　4, 20
行動圏重複型ハレム　113, 114
口内保育　9, 49, 53, 55, 58-60, 62, 107, 108, 110, 122, 126, 143
口内保育の起源　59
交尾　5, 6, 119, 121, 122, 135-137, 144-146, 148
交尾器　2, 3, 122
コガシラベラ　89
子育てのコスト　26
コモリウオ科　7

サ　行

サケ（科）124, 125, 135, 141
サテライト雄　99
サビハゼ　10
サメ　2
サラサカジカ　126
サロセロドン・メラノセロン　49
サンゴ　73, 74, 80, 84, 85, 107
サンゴ礁　16, 17, 66, 73, 110, 115
サンフィッシュ科　120
産卵　2, 33, 50, 69, 84, 86, 95, 108, 109, 116, 119
産卵時刻　85, 92, 93, 115
産卵床　10, 124, 125
産卵場所　140
シーラカンス　6
シクラソーマ・ニグロファスキアトゥム　41
シクリッド　9, 31
資源防衛型一夫多妻　121
雌性先熟　80, 86, 114
自然選択説　23
シノドンティス・ムルティプンクタートゥス　62
シマキンチャクフグ　141
雌雄異体　81
雌雄の対立　27
種内擬態　53
授乳　12, 135, 149
ジュリドクロミス・オルナトゥス　45-47, 118
進化経路　135
シンフォドゥス　96, 97, 99
スズメダイ（科）10, 16, 65, 107, 119
ストリーキング　88, 118
スナヤツメ　2
スニーキング　88, 97, 98, 118, 122, 124, 138
精子競争　48
生存率　26, 27, 54, 86, 129, 131, 137, 140
性転換　78, 80, 86, 94, 98, 114
セダカスズメダイ　70-72
相同染色体　24, 25

タ　行

体外運搬型保護　7, 19, 107, 122, 127, 143-145
体外受精　2, 6, 13, 15, 118, 135, 137, 138, 144
胎生　3, 6, 121, 148
体内運搬型保護　3, 5, 18, 19, 126, 136, 144, 146
体内受精　2, 5, 13, 18, 137, 138, 144, 145, 148
タイワンキンギョ　14
タイワンドジョウ科　19
托卵　62, 64
タツノオトシゴ　7, 9, 145
タナゴ　119
ダルマハゼ　14, 106
タンガニコドゥス・イルサカエ　55
チョウチョウウオ科　105, 113, 123
鳥類　42, 136, 148
沈性卵　2, 13-15, 17, 96, 106, 119, 140

ツマジロモンガラ　115
ディスカス　12
適応度　22, 23, 26, 27, 29, 126, 129
テングカワハギ　106
テンジクダイ科　10, 108, 110, 126, 143
トゲウオ（科）12, 120
トラギス科　113
トレードオフ　26

ナ　行

ナマズ　7, 10, 62, 144
なわばり　43, 44, 46, 49, 50, 69-72, 87, 88, 90, 93, 97, 105, 108, 109, 113, 115, 120, 121, 126, 140-142
なわばり型ハレム　113, 115, 133, 141, 142
なわばり訪問型（複婚）55, 70, 74, 75, 80, 92, 104, 115, 119, 121, 122, 127, 134, 141, 146
軟骨魚綱（類）2, 138
ニザダイ科　106, 113, 123
ニシン　123
ヌタウナギ　2
ネオラムプロローグス・トアエ　38, 42
ネオラムプロローグス・ブリカルディ　43, 44
ネオラムプロローグス・モデストゥス　39, 40
ネコザメ　3
粘液腺　59
粘着卵　15

ハ　行

配偶システム　30, 74, 82, 101, 103, 104, 127, 133, 138, 139, 141, 142, 146-148
ハゲブダイ　16
ハコフグ科　114
ハゼ（科）10, 119
ハタ科　123
爬虫類　148
ハナタツ　8
ハプロタクソドン・ミクロレピス　58
ハマギギ科　10, 19
ハレム　93-95, 112, 117, 127, 133, 141, 148
繁殖成功（度）22, 29, 79, 87, 98, 130, 131, 133, 140, 150
フウライチョウチョウウオ　106
孵化　7, 9, 10, 12, 17, 18, 34, 35, 43, 60, 65, 66, 77, 97, 106-109, 116, 127, 142
複婚　50, 70, 120
父性の信頼度　138
浮性卵　13-17, 83-86, 105, 114, 119, 139
プセウドシモクロミス・カルビフロンス　50, 52
ブダイ（科）5, 16, 123
付着卵　15
浮遊期　66
浮遊生活　17, 18, 97
ブルーギル・サンフィッシュ　100
ブルーヘッド　86, 88
分子系統樹　143, 144
ペア産卵　87, 88, 124, 126, 138, 139
ベラ（科）16, 83, 119, 123
ペリソードゥス・ミクロレピス　58
ヘルパー　42, 43, 45-48, 99
ボウレンゲロクロミス・ミクロレピス　32
哺乳類　135, 136, 148-150
ホンソメワケベラ　14, 91-93, 95, 114
ホンベラ　86

マ　行

ミスジリュウキュウスズメダイ　73, 74, 79, 80
ミツボシクロスズメダイ　69
ミツボシモチノウオ　84
見張り型保護　10, 18, 37, 38, 43, 59, 60, 67, 106, 115, 116, 119, 127, 133, 134, 139, 141-143, 147, 148
無顎類　1, 139
ムナテンベラ　91

無保護　139, 142, 144
ムラサメモンガラ　115, 116, 133, 142
群れ型ハレム　113, 114, 116
群れ産卵　89, 118, 123, 139
雌防衛型一夫多妻　121
メダカ　7, 119, 144, 145
モンガラカワハギ科　115

ヤ　行

ヤイトヤッコ　114
ヤツメウナギ　1
雄性先熟　78, 79
ヨウジウオ(科)　7, 110, 112

ラ　行

ラムプロローグス・キャリプテルス　40, 41
乱婚　104, 109, 123, 126, 127, 134, 148
ランダム配偶　79
卵模様　52, 53
両生類　147
レック　90, 92, 121, 148
ロボキロテス・ラビアトゥス　50, 51, 54

ワ　行

矮雄　119
ワーカー　23, 24, 43

主な参考文献

1）魚類の繁殖様式

Barlow GW 1984 Patterns of monogamy among teleost fishes. *Arch Fisch Wiss* 35: 75-123

Blumer LS 1982 A bibliography and categorization of bony fishes exhibiting parental care. *Zool J Linnean Soc* 76: 1-22

Clutton-Brock TH 1991 The evolution of parental care. Princeton University Press

FishBase 2006 http://www.fishbase.org/home.htm

Godin J-G J (ed) 1997 Behavioural ecology of teleost fishes. Oxford University Press

後藤晃・前川光司 (編) 1989『魚類の繁殖行動－その様式と戦略をめぐって』東海大学出版会

Gross MR, Sargent RC 1985 The evolution of male and female parental care in fishes. *Amer Zool* 25: 807-822

平井明夫 2003『魚の卵のはなし』成山堂書店

岩井保 2005『魚学入門』恒星社厚生閣

川那部浩哉・水野信彦 (編) 1989『日本の淡水魚』山と溪谷社

Keenleyside MHA (ed) 1991 Cichlid Fishes: Behaviour, Ecology and Evolution. Chapman & Hall

幸田正典・中嶋康裕 (編) 2004『魚類の社会行動3』海游舎

桑村哲生 1987 魚類における子の保護の進化と保護者の性. 日本生態学会誌 37: 133-148

Kuwamura T 1996 The evolution of parental care and mating systems among Tanganyikan cichlids. In: Kawanabe H et al. (eds) Fish Communities in Lake Tanganyika, Kyoto University Press

Kuwamura T 1997 Evolution of female egg care in haremic triggerfish, *Rhinecanthus aculeatus*. *Ethology* 103: 1015-1023

桑村哲生 2004『性転換する魚たち－サンゴ礁の海から』岩波書店

桑村哲生・中嶋康裕 (編) 1996『魚類の繁殖戦略1』海游舎

桑村哲生・中嶋康裕 (編) 1997『魚類の繁殖戦略2』海游舎
桑村哲生・狩野賢司 (編) 2001『魚類の社会行動1』海游舎
松浦啓一・宮正樹 (編) 1999『魚の自然史－水中の進化学』北海道大学図書刊行会
中嶋康裕・狩野賢司 (編) 2003『魚類の社会行動2』海游舎
中園明信 (編) 2003『水産動物の性と行動生態』恒星社厚生閣
中園明信・桑村哲生 (編) 1987『魚類の性転換』東海大学出版会
Nelson JS 2006 Fishes of the world (4th ed). John Wiley & Sons
Pitcher TJ (ed) 1993 Behaviour of teleost fishes (2nd ed). Chapman & Hall
Potts GW & Wootton RJ (eds) 1984 Fish reproduction: strategies and tactics. Academic Press
Reynolds JD, Goodwin NB, Freckleton RP 2002 Evolutionary transitions in parental care and live bearing in vertebrates. *Phil Trans R Soc Lond B* 357: 269-281
Taborsky M 1994 Sneakers, satellites, and helpers: parasitic and cooperative behavior in fish reproduction. *Advances in the Study of Behavior* 23: 1-100
Thresher RE 1984 Reproduction in reef fishes. TFH Publications

2）行動生態学・動物社会学全般

Alcock J 2001『社会生物学の勝利－批判者たちはどこで誤ったか』(長谷川眞理子訳, 新曜社, 2004)
Dawkins R 1989『利己的な遺伝子』(日高敏隆ほか訳, 紀伊國屋書店, 1991)
伊藤嘉昭 2006『動物の社会－社会生物学・行動生態学入門－新版』東海大学出版会
Krebs JR, Davies NB 1993『行動生態学 (原書第2版 1987)』(山岸哲・巖佐庸訳, 蒼樹書房, 1991)
桑村哲生 2001『生命の意味－進化生態からみた教養の生物学』裳華房
Maynard Smith J 1982『進化とゲーム理論』(寺本英・梯正之訳, 産業図書, 1985)
Trivers R 1985『生物の社会進化』(中嶋康裕ほか訳, 産業図書, 1991)
Wilson EO 1975『社会生物学』(伊藤嘉昭ほか訳, 新思索社, 1999)

3）図表関連

桑村原著 (前出) 以外で作図・作表の際に参照したもの。

図1-1 (c)　Pietsch TW, Grobecker DB 1980 *Copeia* 1980: 551 - 553

図1-1 (d)　Balon EK 1975 *J Fish Res Board Can* 32: 821 - 864

図3-3　Awata S, Munehara H, Kohda M 2005 *Behav Ecol Sociobiol* 58: 506 - 516

図3-7　佐藤哲 1987 サイエンス 17 (2) : 34 - 42

図4-1　Robertson DR 1973 *Z Tierpsychol* 32: 319 - 324

図4-2　Kohda M 1984 *Physiol Ecol Japan* 21: 35 - 52

図4-3　Fricke HW 1977 *Helgoländer wiss Meeresunters* 30: 412 - 426

図4-4　Warner RR 1984 *American Scientist* 72: 128 - 136

図5-1　Warner RR 1984 *American Scientist* 72: 128 - 136

図5-2 (a)　Moyer JT, Yogo Y 1982 *Z Tierpsychol* 60: 209 - 226

図5-3　Soljan T 1930 *Z Morphol Ökol Tierr* 17: 145 - 153

図6-4　Fricke HW 1980 *Z Tierpsychol* 53: 105 - 122

表7-1　Maynard Smith J 1982 (前出)

写真1-2, 1-4, 1-5, 1-7　瓜生知史 2003『生態観察ガイド 伊豆の 海水魚』海游舎

付表　硬骨魚類における子の保護方法と保護者の性

保護する種が報告されている科ごとに，繁殖場所 (淡：淡水域，海：海域) と保護方法・担当者 (* 仔稚魚も保護) を示す。上付き数字 (1, 2) は同じ行の 2 つの項目が対応していることを示す。Blumer 1982 と桑村 1987 をもとに，FishBase 2006 ほかを参照して修正・追加した。分類体系は Nelson 2006 と岩井 2005 に従う。

目　科	繁殖場所	体内運搬型	見張り型			体外運搬型 (運搬方法)		
Polypteriformes ポリプテルス目								
Polypteridae ポリプテルス科	淡		♂*			♂*		(尻鰭育児のう)
Amiiformes アミア目								
Amiidae アミア科	淡		♂*					
Osteoglossiformes アロワナ目								
Osteoglossidae アロワナ科	淡	♀	♂*	両親*	♀*	♂*	♀*	(口内)
Notopteridae ナギナタナマズ科	淡		♂		♀*			
Mormyridae モルミュルス科	淡		♂*					
Gymnarchidae ギュムナルクス科	淡		♂*					
Cypriniformes コイ目								
Cyprinidae コイ科	淡		♂					
Characiformes カラシン目								
Citharinidae キタリヌス科	淡		♂					
Prochilodontidae プロキロドゥス科	淡		♂					
Characidae カラシン科	淡	♀	♂*	両親*	♀*			
Erythrinidae エリュトリヌス科	淡		♂					
Lebiasinidae レビアシナ科	淡		♂					
Siluriformes ナマズ目								
Callichthyidae カリクティス科	淡		♂				♀	(生殖口)
Loricariidae ロリカリア科	淡		♂	両親*		♂[1]	♀[2]	([1]下唇 [2]腹面)
Amblycipitidae アカザ科	淡				♀			
Aspredinidae アスプレド科	淡						♀	(腹面)
Cranoglanididae クラノグラニス科	淡		♂					
Ictaluridae アメリカナマズ科	淡		♂*	両親*	♀*			
Doradidae ドラス科	淡			両親				

目　科	繁殖場所	体内運搬型	見張り型	体外運搬型 (運搬方法)
Auchenipteridae アウケニプテルス科	淡	♀		
Siluridae ナマズ科	淡		♂*	
Malapteruridae デンキナマズ科	淡		♂	♂ (口内)
Plotosidae ゴンズイ科	淡　海		♂	
Clariidae ヒレナマズ科	淡		♂	
Heteropneustidae ヘテロプネウステス科	淡		両親*	
Ariidae ハマギギ科	淡　海			♂*　両親* (口内)
Bagridae ギギ科	淡		♂*	
Gymnotiformes デンキウナギ目				
Gymnotidae ジムノティド科	淡		♂	
Osmeriformes キュウリウオ目				
Galaxiidae ガラクシアス科	淡	♀		
Salmoniformes サケ目				
Salmonidae サケ科	淡		♀	
Esociformes カワカマス目				
Umbridae ウンブラ科	淡		♂　♀	
Percopsiformes サケスズキ目				
Aphredoderidae カイゾクスズキ科	淡		両親	
Amblyopsidae ドウクツギョ科	淡			♀ (鰓室)
Ophidiiformes アシロ目				
Bythitidae フサイタチウオ科	海	♀*		
Aphyonidae ソコオクメウオ科	海	♀*		
Batrachoidiformes ガマアンコウ目				
Batrachoididae ガマアンコウ科	海		♂*	
Lophiiformes アンコウ目				
Antennariidae カエルアンコウ科	海			♂ (体側面)
Atheriniformes トウゴロウイワシ目				
Phallostethidae トウゴロウメダカ科	淡	♀		
Beloniformes ダツ目				
Adrianichthyidae メダカ科	淡	♀		♀ (生殖口)
Hemiramphidae サヨリ科	淡	♀*		
Cyprinodontiformes カダヤシ目				
Aplocheilidae アプロケイルス科	淡	♀		
Goodeidae グデア科	淡	♀*		

目　科	繁殖場所		体内運搬型	見張り型			体外運搬型 (運搬方法)			
Cyprinodontidae キプリノドン科	淡			♂					♀	(生殖口)
Anablepidae ヨツメウオ科	淡		♀*							
Poeciliidae カダヤシ科	淡		♀*							
Gasterosteiformes トゲウオ目										
Aulorhynchidae クダヤガラ科		海		♂						
Gasterosteidae トゲウオ科	淡	海		♂*						
Solenostomidae カミソリウオ科		海							♀*	(腹鰭育児のう)
Syngnathidae ヨウジウオ科	淡	海					♂*			(腹面, 育児のう)
Synbranchiformes タウナギ目										
Synbranchidae タウナギ科	淡			♂*			♂*			(口内)
Mastacembelidae トゲウナギ科	淡			♂						
Scorpaeniformes カサゴ目										
Scorpaenidae フサカサゴ科		海	♀*							
Hexagrammidae アイナメ科		海		♂						
Cottidae カジカ科	淡	海[1]	♀[1]	♂		♀				
Comephoridae コメポルス科	淡		♀*							
Abyssocottidae アビュソコットゥス科	淡			♂						
Cyclopteridae ダンゴウオ科		海		♂			♂			(口内)
Perciformes スズキ目										
Percichthyidae スズキ科	淡			♂*						
Pseudochromidae メギス科		海		♂						
Grammatidae グランマ科		海		♂						
Plesiopidae タナバタウオ科		海		♂			♂			(口内)
Opistognathidae アゴアマダイ科		海		♂			♂			(口内)
Centrarchidae サンフィッシュ科	淡			♂*						
Percidae ペルカ科	淡			♂						
Apogonidae テンジクダイ科	淡	海[1]	♀[1]				♂			(口内)
Sparidae タイ科		海		♂						
Centracanthidae ケントラカントゥス科		海		♂						
Nandidae ナンダス科		海		♂						
Teraponidae シマイサキ科	淡			♂						
Cichlidae カワスズメ科	淡				両親*	♀*	♂*	両親*	♀*	(口内)
Embiotocidae ウミタナゴ科		海	♀*							
Pomacentridae スズメダイ科		海		♂	両親*					

目　科	繁殖場所	体内運搬型	見張り型	体外運搬型 (運搬方法)
Labridae ベラ科	海		♂	
Zoarcidae ゲンゲ科	海	♀*	両親 ♀	
Stichaeidae タウエガジ科	海		♂ ♀	
Pholididae ニシキギンポ科	海		両親 ♀	
Anarhichadidae オオカミウオ科	海		♂ ♀	
Nototheniidae ノトセニア科	海		両親	
Harpagiferidae ハルパギフェル科	海		♀	
Tripterygiidae ヘビギンポ科	海		♂	
Dactyloscopidae ダクテュロスコプス科	海			♂ (胸鰭)
Blenniidae イソギンポ科	海		♂	
Clinidae アサヒギンポ科	海	♀*	♂	
Labrisomidae コケギンポ科	海		♂	
Chaenopsidae カエノプシス科	海		♂	
Gobiesocidae ウバウオ科	海		♂	
Odontobutidae ドンコ科	淡		♂	
Eleotridae カワアナゴ科	淡 海		♂ 両親	
Gobiidae ハゼ科	淡 海[1]	♀*[1]	♂ 両親	
Ptereleotridae クロユリハゼ科	海		両親	
Kurtidae　コモリウオ科	淡 海			♂ (額)
Anabantidae　キノボリウオ科	淡		♂ 両親	
Osphronemidae オスフロネムス科	淡		♂* 両親*	♂ ♀ (口内)
Channidae　タイワンドジョウ科	淡		♂* 両親*	両親* (口内)
Tetraodontiformes フグ目				
Balistidae モンガラカワハギ科	海		両親 ♀	
Monacanthidae カワハギ科	海		♂ 両親 ♀	
Tetraodontidae フグ科	海		♂	
Coelacanthiformes シーラカンス目				
Latimeriidae　シーラカンス科	海	♀*		
Lepidosireniformes ミナミアメリカハイギョ目				
Lepidosirenidae ミナミアメリカハイギョ科	淡		♂*	
Protopteridae アフリカハイギョ科	淡		♂*	

■著者紹介

桑村　哲生（くわむら　てつお）理学博士
1950年　兵庫県に生まれる
1978年　京都大学大学院理学研究科博士課程修了
現　在　中京大学教養部教授
著　書　『魚類の性転換』東海大学出版会（共編著，1987）
『魚の子育てと社会』海鳴社（1988）
『魚類の繁殖戦略1, 2』海游舎（共編著，1996, 1997）
『魚類の社会行動1』海游舎（共編，2001）
『生命の意味－進化生態からみた教養の生物学』裳華房（2001）
『性転換する魚たち－サンゴ礁の海から』岩波書店（2004）

子育てする魚たち—性役割の起源を探る

2007年8月25日　初 版 発 行

著　者　桑村哲生

発行者　本間喜一郎

発行所　株式会社 海游舎
〒151-0061 東京都渋谷区初台 1-23-6-110
電話 03 (3375) 8567　　FAX 03 (3375) 0922

港北出版印刷（株）・（株）石津製本所

ISBN978-4-905930-14-3　　PRINTED IN JAPAN